高原建筑生态适应性四川省青年科技创新研究团队（项目编号：2022JDTD0008）
西南民族大学教育教学研究与改革重点项目资助（项目编号：2021ZD55）

建筑热工学仿真计算

麦贤敏　王晓亮　吴　毅　编著

中国建筑工业出版社

图书在版编目（CIP）数据

建筑热工学仿真计算／麦贤敏，王晓亮，吴毅编著
. —北京：中国建筑工业出版社，2022.9
ISBN 978-7-112-27760-5

Ⅰ.①建… Ⅱ.①麦… ②王… ③吴… Ⅲ.①建筑热
工—热工学—仿真算法 Ⅳ.①TU111

中国版本图书馆CIP数据核字（2022）第150412号

　　国家双碳战略背景下，建筑热工环境数值仿真对建筑低碳的意义日趋凸显。其中，PHOENICS 作为一款功能强大的计算流体动力学（简称 CFD）仿真软件，广泛应用于建筑热传递、建筑自然或机械通风、城市风环境和热环境等领域。本书基于 PHOENICS 2020 版本编写，共分为 7 章，主要从 CFD 基础知识、PHOENICS 软件基本操作和建筑热工学案例仿真三部分出发，深入浅出地介绍 CFD 技术的基本原理和计算方法，详细阐述 PHOENICS 软件分析思路及软件操作过程，并以建筑热工学所涉及的建筑导热、对流和辐射传热，建筑室内或室外空气流动与传热等热工环境问题为对象进行专门的案例仿真计算，使读者快速、熟练、深入地掌握 PHOENICS 仿真分析方法。

　　本书内容丰富、结构严谨、条理清晰、重点突出，既可供高等院校建筑类专业本科生和研究生学习使用，也可供建筑行业的广大工程技术人员参考。

责任编辑：李　东　徐昌强
书籍设计：锋尚设计
责任校对：党　蕾

建筑热工学仿真计算
麦贤敏　王晓亮　吴　毅　编著
*
中国建筑工业出版社出版、发行（北京海淀三里河路9号）
各地新华书店、建筑书店经销
北京锋尚制版有限公司制版
北京中科印刷有限公司印刷
*
开本：787毫米×1092毫米　1/16　印张：10　字数：207千字
2022年9月第一版　　2022年9月第一次印刷
定价：**49.00**元
ISBN 978-7-112-27760-5
（39671）

版权所有　翻印必究

目　录

第1章

建筑热工环境概述

建筑是人类为抵御严酷气候、改善生存条件而建造的人造空间。随着建筑技术的不断发展，人类进一步追求舒适、健康和高效的建筑热工环境[①]。其中，舒适作为建筑热工环境的基本目标之一，通常利用建筑围护结构自身和环境控制设备共同协调配合来实现。就目前科技水平而言，即使建筑围护结构性能差，凭借现代技术手段也总能维持室内热舒适。但考虑到建筑围护结构越简陋，环境控制设备付出的能耗也越大；反之，建筑围护结构设计越合理，环境控制设备消耗的能源也越少。可见，建筑热工环境的本质问题实际上是能源问题。

在我国"碳达峰·碳中和"的双碳目标不断推进的时代背景下，建筑作为全社会碳排放的重要分支，受到了越来越多的关注。其中，与建筑热工环境营造相关的能源使用和碳排放依然居高不下。当前，以最低的能源消耗和最小的碳排放提供更加舒适和健康的建筑热工环境已经成为建筑领域可持续发展的目标和共识。

从建筑热工环境营造的角度看，充分利用当地风、光、热等自然环境条件，从建筑平面布局、朝向控制、建筑构造、围护结构设计和自然通风组织等方面，科学开展建筑气候适应性设计，改善建筑围护结构的构造方式和热工性能，合理利用可再生能源，降低建筑环境控制设备的能耗，将是高效营造建筑热工环境的有效途径。

1.1　建筑热工环境概念

建筑热工环境是人体主要通过触觉对所处建筑室内外空间进行感知的热感觉体验，属于建筑物理环境范畴。刘加平院士在《城市环境物理》[②]中按人类活动与城市物理环境的互动关系将建筑物理环境分为热环境、湿环境、风环境、大气环境、光环境和声环境六大类。其中热环境、湿环境、风环境均是建筑热工环境关注的对象。

从概念来看，建筑热工环境一般指符合节能要求，兼顾环保、卫生、安全等原则的建筑物热性能，包括使室内热环境达到一定温度、湿度、气流速度和表面辐射温度，并能根据气象条件和居住功能变化进行调节，满足人体健康性、舒适性要求的热

---

① 刘念雄，秦佑国. 建筑热环境（第2版）[M]. 北京：清华大学出版社，2016.
② 刘加平. 城市环境物理[M]. 北京：中国建筑工业出版社，2010.

环境，涵盖了室内外热环境的内容。

学习建筑热工环境就是希望建筑师和土建工程师在了解建筑热工学基本理论的基础上，掌握通过建筑保温设计、防热设计和通风设计等创造良好的室内外热工环境。

1.2 建筑热工环境涵盖范围

从热工环境的形成看，凡是涉及建筑热量传递和空气流动的相关过程均会对建筑室内外热工环境造成影响。如夏季，自然通风可以带走室内的热量从而降低室内温度；冬季，围护结构保温可以减少室内向室外传递热量，提高室内热舒适性等。综合来看，对建筑室内外热工环境产生影响的建筑流动和传热过程主要涉及建筑所在地气候条件（气温、湿度、风速、风向、太阳辐射等）、场地地形地貌、建筑周围环境、平面布局、朝向、建筑围护结构设计（保温、隔热、遮阳等）、自然通风的组织、散热源（人体、照明和设备等）和通风空调设备的使用等多个方面。上述因素均会对建筑热工环境的形成造成一定影响，均属于建筑热工环境关注的领域和范围。

1.3 建筑热工环境研究方法

随着科学技术的飞速发展，国内外针对建筑热工环境形成的基本原理和作用规律开展了大量研究和探索，总结了一系列科学有效的研究方法[1]。归纳起来，目前常用的研究方法主要有三种，即理论分析法、实验测试法和计算机仿真法。

1. 理论分析法

理论分析法是在感性认识的基础上通过理性思维认识事物的本质及其规律的一种科学分析方法，是科学分析的一种高级形式[2]。它是在思想上把事物分解为各个组成部分、特征、属性、关系等，再从本质上加以界定和确立，进而通过综合分析，把握其规律性。如建筑物理学中的质量守恒定律、能量守恒定律，求解导热问题的傅里叶定律[3]，求解辐射传热问题的斯蒂芬–波尔兹曼定律等。这种方法需要的知识面广，除了需要掌握有关的专业知识外，还需要其他多种学科的支撑，同时在理论抽象过程中

---

[1] 柳孝图. 建筑物理（第三版）[M]. 北京：中国建筑工业出版社，2010.
[2] 李庆臻. 科学技术方法大辞典[M]. 北京：科学出版社，1999.
[3] 杨世铭，陶文铨. 传热学[M]. 北京：高等教育出版社. 1998.

需要较高的综合分析能力。

2．实验测试法

实验测试法是一种受控的研究方法，通过一个或多个变量的变化来评估它对一个或多个变量产生的效应。实验的主要目的是建立变量间的因果关系，一般的做法是研究者预先提出一种因果关系的尝试性假设，然后通过实验操作来进行检验。对于建筑热工环境的实验测试，既可在实验室进行，也可开展现场测试。其中，在实验室进行的实验测试，测试的时间、实验条件相对可控，测试的建筑热工环境结果更稳定可靠，而且实验过程和方法可重复，但研究变量和水平受限，而且实验台的搭建需要消耗大量的人力、物力和财力。而现场测试受到实际条件和现场环境的制约，实验变量往往不可控，但测试结果准确、可靠，可用于规律探索与分析，同时也可作为后续计算机仿真分析法的实验验证基础数据。

3．计算机仿真法

计算机仿真法是利用计算机仿真技术，根据仿真需求将实际问题抽象，数学模型化，再基于数学基本理论和算法，对实际问题进行仿真，最后对结果进行分析，如CFD仿真方法。这种方法的优点是可在实验室进行，研究成本较低，仿真实验可大量重复且实验条件完全可控，但不足之处在于仿真结果往往无法直接判定，通常需要与实验测试结果进行对比验证，才能保证仿真计算结果的准确性和可靠性。

就建筑热工环境而言，本身偏向于工程应用类学科，现有的相关理论相对成熟且完善，研究方法科学而有效。通常将理论分析、实验测试和计算机仿真这三种方法相结合开展研究探索。近年来，随着计算机性能的不断提升，诸如CFD等计算机仿真方法取得了突飞猛进的进展，极大地方便了建筑热工环境的分析及研究。本书将以此为背景，介绍CFD仿真分析基本理论及其在建筑热工环境分析中的应用，以期为从事建筑热工环境仿真分析的学生和行业从业人员提供技术支撑。

1.4　本章小结

本章介绍了建筑热工环境的概念、涵盖范围和常用的研究方法。通过本章的学习，读者可以了解建筑热工环境关注的问题和目前常用的研究方法，为后面章节有关建筑热工环境的仿真提供一定的基础。

第2章

计算流体动力学
基础

计算流体动力学（Computational Fluid Dynamics，简称CFD）是指通过计算机进行数值计算和图像显示的一门科学，分析包括流体流动和传热等相关物理现象的方法[①]。为便于准确应用CFD仿真工具开展建筑热工环境分析，本章将介绍计算流体动力学的基础知识、求解过程和计算方法以及常用的CFD软件，为后续的PHOENICS软件学习奠定理论基础。

2.1　流体力学基础

流体力学是进行流体力学工程计算的基础。本节将介绍流体力学的一些重要基础知识，包括流体力学的基本概念和基本方程。

2.1.1　基本概念

流体是液体和气体的总称，它具有易流动性、可压缩性、黏性等特征。

1．流体的密度

流体的密度是指单位体积内所含流体的质量。若密度是均匀的，则有：

$$\rho = \frac{m}{v} \tag{2-1}$$

式中，ρ——流体的密度，单位kg/m³；

m——体积为v的流体内所含物质的质量。

流体的密度是流体本身固有的物理量，随着温度和压强的变化而变化。例如，4℃时水的密度为1000 kg/m³，常温20℃时空气的密度为1.24 kg/m³，其他流体的具体密度值可查阅相关手册或文献。

[①] 付德熏，马延文. 计算流体动力学[M]. 北京：高等教育出版社，2002.

2．流体的容重

流体的容重等于流体密度与重力加速度的乘积，即：

$$\gamma = \rho g \qquad (2\text{-}2)$$

式中，g——重力加速度，值为9.81 m/s^2；

流体的容重单位为N/m^3。

3．流体的黏性

在研究流体流动时，若考虑流体的黏性，则称为黏性流动，相应地称流体为黏性流体；若不考虑流体的黏性，则称为理想流体的流动，相应地称流体为理想流体。

流体的黏性可由流体内摩擦定律[①]表示：

$$\tau = \mu \frac{du}{dy} \qquad (2\text{-}3)$$

式中，τ——切应力，单位为N；

μ——动力黏度系数，单位为kg/（m·s）；

$\frac{du}{dy}$——垂直于两层流体接触面上的速度梯度，单位为1/s。

4．流体的压缩性

根据密度是否为常数，可将流体分为可压流体与不可压流体两大类。当密度为常数时，流体为不可压流体；反之，当密度可以改变时，流体为可压缩流体。一般认为水是不可压流体，空气是可压流体。通常流体的压缩主要受两种条件影响，一是外部压强发生变化，如受到外界较强的作用力产生密度变化；二是流体温度发生变化。对于建筑类专业关注的室内外空气流动与传热，空气的压缩通常是由于空气温度的变化引起的，通常用体积膨胀系数 α 来衡量。

$$\alpha = \frac{1}{T} \qquad (2\text{-}4)$$

式中，T——空气的绝对温度，单位为K。

5．绝对压强、相对压强和真空度

一个标准大气压是760 mmHg，相当于101325 Pa，若实际空气压强大于大气压，则以压强为计算基准得到的压强称为相对压强，或称表压力；若压强小于大气压，则压强低于大气压的值称为真空度。如果以压强0 Pa为计算基准，那么这个压强称为绝对压强。

[①] 龙天渝，蔡增基. 流体力学泵与风机（第四版）[M]. 北京：中国建筑工业出版社，1999.

2.1.2 层流和湍流

自然界中的流体流动状态主要有两种形式，即层流和湍流（或称紊流）。层流是指流体在流动过程中两层之间没有相互混掺，而湍流是指流体不是处于分层流动状态。一般来讲，大部分流动属于湍流。

从流体力学上，层流和湍流用临界雷诺数Re_{cr}来区分[①]。在工程中，临界雷诺数取2300。当$Re<2300$时，流动为层流；当$Re>2300$时，可认为流动为湍流。

由于湍流现象是高度复杂的，至今还未有一种方法能够全面、准确地对所有流动问题中的湍流现象进行模拟。因此，在涉及湍流的计算中，构建了大量的湍流模型用于模拟不同情形的湍流现象。

2.1.3 定常流和非定常流

根据流体流动的物理量（如速度、压力、温度等）是否随时间变化，可将流动分为定常流和非定常流。当物理量不随时间变化时，流动为定常流动；当物理量随时间变化时，流动为非定常流动。

定常流动也称为恒定流动或稳态流动；非定常流动也称为非稳定流动、非稳态流动或瞬态流动。

2.2 计算流体动力学（CFD）求解过程

计算流体动力学（CFD）求解过程一般分为如下5个步骤：

（1）建立所研究问题的物理模型，将其简化并抽象称为数学、力学模型，之后确定要分析的空间几何体的计算域范围。

（2）建立整个几何模型（即计算域），并对计算域进行空间网格划分。网格的稀疏和网格单元的形状都会对计算产生很大影响。网格划分对模拟计算来说，通常会占用模拟计算一半以上的时间。不同的离散格式对网格的要求也不一样。

（3）加入求解所需要的初始条件、边界条件、流体属性参数等。

（4）选择适当的算法，设定具体的控制求解过程和精度条件，对所需分析的问题进行求解，并保存数据文件结果。

（5）选择合适的后处理器读取计算结果文件，提取数据结果，显示图形界面。

---

① 陶文铨. 数值传热学[M]. 西安：西安交通大学出版社，2006.

在CFD仿真分析时，通常将计算过程分为前处理、求解和后处理三部分。上述步骤（1）~（3）为前处理部分，主要完成计算域确定、几何模型建立、网格划分、控制方程选择、流体物性定义、边界条件和初始条件（用于计算非稳态流动情形）等工作；步骤（2）为求解部分，即上述步骤（4），主要完成求解过程设置和计算求解等。目前，对于流动和传热问题最有效的数值计算方法是有限体积法（或称控制体积法）[①]，被大多数CFD软件（STAR-CCM+、FLUENT、CFX和PHOENICS等）采用并作为核心算法。其基本思想是：将计算区域划分为网格，并使每个网格点周围有一个互不重复的控制体积；将待求解的偏微分方程对每一个控制体积积分，从而得出一组离散方程，其中的未知量是网格点上的特征变量。为求出控制体积的积分，必须假定特征变量值在网格点之间的变化规律。从积分区域的选取方法来看，有限体积法属于加权余量法中的子域法；从未知解的近似方法来看，有限体积法属于采用局部近似的离散方法，简而言之，有限体积法的基本思想就是子域法加上离散。步骤（3）为后处理部分，即上述步骤（5）。该部分既可提供可视化的图形显示（如网格显示、云图、矢量图、等值线图、流线图和动画等），也可以提取计算域中的统计数据结果。

2.3   CFD的基本控制方程

对于建筑流动与传热过程的数值仿真，由于空气流动速度一般较低，通常不考虑空气的压缩性，按不可压缩流动计算，但需要考虑温度对空气密度的影响。同时，涉及建筑的流动与传热过程往往是三维湍流流动。根据质量守恒、动量守恒、能量守恒和经典湍流模型（$k-\varepsilon$ 两方程模型），可得计算域内数值计算的控制方程如下：

（1）连续性方程

$$\frac{\partial \rho}{\partial t} + div(\rho U) = 0 \tag{2-5}$$

（2）动量方程

$$\frac{\partial}{\partial t}(\rho u) + div(\rho U u) = div[(\mu + \mu_t)gradu] + S_{mx} \tag{2-6}$$

$$\frac{\partial}{\partial t}(\rho v) + div(\rho U v) = div[(\mu + \mu_t)gradv] + S_{my} \tag{2-7}$$

$$\frac{\partial}{\partial t}(\rho w) + div(\rho U w) = div[(\mu + \mu_t)gradw] + S_{mz} \tag{2-8}$$

[①] 李人宪. 有限体积法基础[M]. 北京：国防工业出版社，2005.

（3）能量方程

$$\frac{\partial}{\partial t}(\rho e) + div(\rho U h) = div\left[\left(k + \frac{\mu_t c_p}{\sigma_t}\right)gradT\right] + S_e \quad （2-9）$$

（4）湍动能方程

$$\frac{\partial}{\partial t}(\rho k) + div(\rho U k) = div\left[\left(\mu + \frac{\mu_t}{\sigma_k}\right)gradk\right] + S_k \quad （2-10）$$

（5）湍动能耗散率方程

$$\frac{\partial}{\partial t}(\rho \varepsilon) + div(\rho U \varepsilon) = div\left[\left(\mu + \frac{\mu_t}{\sigma_\varepsilon}\right)grad\varepsilon\right] + S_\varepsilon \quad （2-11）$$

（6）气体状态方程

$$p = \rho RT \quad （2-12）$$

上述方程组共包括8个未知数：u、v、w、p、T、k、ε、ρ，理论上可以由上述方程组求解。上述各式中，$u_i(i=1,2,3)$为速度分量；μ为动力黏性系数；p为压强；ρ为流体密度；e为内能，R为摩尔气体常数；$s_{ij} = \frac{1}{2}\left(\frac{\partial u_i}{\partial x_j} + \frac{\partial u_j}{\partial x_i}\right)$；$h = e + \frac{1}{2}\left(u_1^2 + u_2^2 + u_3^2\right) + \frac{P}{\rho}$，$\mu_t = \rho C_\mu \frac{k^2}{\varepsilon}$为湍流黏性系数，$k = \frac{1}{2}\overline{u_i'u_i'}$为湍动能，$\varepsilon = \upsilon \overline{\frac{\partial u_i'}{\partial x_k}\frac{\partial u_i'}{\partial x_k}}$为湍动能耗散率，$\upsilon$为运动黏性系数。$\sigma_t$、$\sigma_k$、$\sigma_\varepsilon$、$C_{\varepsilon1}$、$C_{\varepsilon2}$、$C_\mu$为系数，按Patanka和Spolding的推荐，按表2-1取值：

系数取值　　　　　　　　　　　　　　　　　　　　表2-1

σ_t	σ_k	σ_ε	$\sigma_{\varepsilon1}$	$\sigma_{\varepsilon2}$	C_μ
0.9	1.0	1.3	1.44	1.92	0.09

S_{mx}、S_{my}、S_{mz}、S_e、S_k、S_ε分别按下式计算

$$S_{mx} = -\frac{\partial p}{\partial x} + \frac{\partial}{\partial x_j}\left[(\mu + \mu_t)\left(\frac{\partial u_j}{\partial x} - \frac{2}{3}divU\right) - \frac{2}{3}\rho k\delta_{ij}\right] \quad （2-13）$$

$$S_{my} = -\frac{\partial p}{\partial y} + \frac{\partial}{\partial x_j}\left[(\mu + \mu_t)\left(\frac{\partial u_j}{\partial y} - \frac{2}{3}divU\right) - \frac{2}{3}\rho k\delta_{ij}\right] \quad （2-14）$$

$$S_{mz} = -\frac{\partial p}{\partial z} + \frac{\partial}{\partial x_j}\left[(\mu + \mu_t)\left(\frac{\partial u_j}{\partial z} - \frac{2}{3}divU\right) - \frac{2}{3}\rho k\delta_{ij}\right] \quad （2-15）$$

$$S_e = \frac{\partial}{\partial x_j}\left[u_i(\mu + \mu_t)\left(\frac{\partial u_i}{\partial x_j} + \frac{\partial u_j}{\partial x_i} - \frac{2}{3}divU\right) - \frac{2}{3}\rho k\delta_{ij}\right] \quad （2-16）$$

$$S_k = \frac{\partial u_i}{\partial x_j}\left(2\mu_t S_{ij} - \frac{2}{3}\mu_t divU - \frac{2}{3}\rho k\delta_{ij}\right) - \rho\varepsilon \quad\quad (2\text{-}17)$$

$$S_\varepsilon = C_{\varepsilon 1}\frac{\varepsilon}{k}\frac{\partial u_i}{\partial x_j}\left(2\mu_t S_{ij} - \frac{2}{3}\mu_t divU - \frac{2}{3}\rho k\delta_{ij}\right) - C_{\varepsilon 2}\rho\frac{\varepsilon^2}{k} \quad\quad (2\text{-}18)$$

其中，U为速度矢量，δ_{ij}为Kronecher函数。

方程（2-5）~（2-12），构成了建筑流动与传热问题的三维湍流流动完整数学描述。进一步可以将式（2-5）~（2-12）统一写成如下的通用形式：

$$\frac{\partial(\rho\varphi)}{\partial t} + div(\rho U\varphi) = div(\Gamma_\varphi grad\varphi) + S_\varphi \quad\quad (2\text{-}19)$$

式中，φ为流场中某一参数，$U = U_r + U_g$，U_r为相对速度，U_g为迁移速度；S_φ称为广义源项；Γ_φ称为广义扩散系数。φ、S_φ以及Γ_φ分别取不同的值，即可得到相应的控制方程。例如当$\varphi = 1$，$\Gamma = 0$，$S_\varphi = 0$时，式（2-19）成为连续性方程；当$\varphi = u, v, w$时，式（2-19）变为动量方程；当$\varphi = e$时，式（2-19）即为能量方程等。

式（2-19）是一组非常复杂的非线性偏微分方程，要得到解析解非常困难，因此需采用数值计算方法求解。

2.4　CFD求解计算的方法

数值计算方法的实质就是把描述流体运动的连续性数学模型离散成代数方程组，建立可在计算机上求解的算法。通过偏微分方程的离散化和代数化，即将无限信息系统变为有限信息系统（离散化），把偏微分方程变为代数方程（代数化），再通过采用适当的数值计算方法，求解方程组，得到流场的数值解[1]。

2.4.1　控制方程的离散

CFD数值离散化方法主要有有限元法（Finite Element Method，FEM）、有限差分法（Finite Difference Method，FDM）、有限体积法（Finite Volume Method，FVM）等[2]。目前大多数CFD方法都采用有限体积法。有限体积法与有限元法和有限差分法一样，也要对计算域进行离散，将其分割成有限大小的离散网格。在有限体积法中每一个网格节点按一定的方式形成一个包围节点的控制容积V。有限体积法的关键步骤

① （美）费斯泰赫. 计算流体动力学导论：有限体积法（第2版）[M]. 北京：世界图书出版公司，2010.
② 李明，刘楠. STRA-CCM+与流场计算[M]. 北京：机械工业出版社，2017.

是将控制微分方程在控制体积内进行积分。对于式（2-19）的通用流场控制方程，在图2-1的控制容积内进行积分，得

$$\int_V \frac{\partial(\rho\phi)}{\partial t} + \int_V div(\rho\phi u) = \int_V div(\varGamma \cdot grad\phi)dV + \int_V S_\phi dV \qquad （2-20）$$

图2-1为在流场中任取的微元控制体 ΔV。控制体的六个面分别表示如下：

E、W分别表示控制体沿X轴方向的正、负向面；

N、S分别表示控制体沿Y轴方向的正、负向面；

T、B分别表示控制体沿Z轴方向的正、负向面。

利用高斯定理，将式（2-20）中等号左端第二项（对流项）和等号右端第一项（扩散项）的体积积分转换为关于控制容积 V 表面A上的积分。

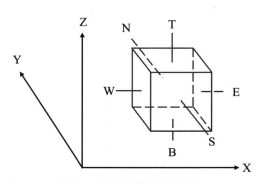

图2-1　流体中的微元控制体

离散结果经过合并、简化成为下面的形式：

$$a_P\phi_P = a_W\phi_W + a_E\phi_E + a_S\phi_S + a_N\phi_N + a_B\phi_B + a_T\phi_T + S_u$$

$$a_P = a_W + a_E + a_S + a_N + a_B + a_T + \Delta F + S_u$$

$$\int_{\Delta V} SdV = \dot{S}\Delta V = a_u + S_P\phi_P \qquad （2-21）$$

式（2-21）中：

$$a_W = D_w + \frac{F_w}{2} \qquad\qquad a_E = D_e - \frac{F_e}{2}$$

$$a_S = D_s + \frac{F_s}{2} \qquad\qquad a_N = D_n - \frac{F_n}{2}$$

$$a_B = D_b + \frac{F_b}{2} \qquad\qquad a_T = D_t - \frac{F_t}{2}$$

$$\Delta F = F_e - F_w + F_n - F_s + F_t - F_b \qquad S = S_u + S_p\phi_p$$

$$F_w = (\rho u)_w A_w \qquad\qquad F_e = (\rho u)_e A_e$$

$$F_s = (\rho u)_s A_s \qquad\qquad F_n = (\rho u)_n A_n$$

$$F_b = (\rho u)_b A_b \qquad\qquad F_t = (\rho u)_t A_t$$

$$D_w = \frac{\varGamma_w A_w}{\delta x_{WP}} \qquad\qquad D_e = \frac{\varGamma_e A_e}{\delta x_{PE}}$$

$$D_s = \frac{\Gamma_s A_s}{\delta y_{SP}} \qquad\qquad D_n = \frac{\Gamma_n A_n}{\delta y_{PN}}$$

$$D_b = \frac{\Gamma_b A_b}{\delta z_{BP}} \qquad\qquad D_t = \frac{\Gamma_t A_t}{\delta z_{PT}}$$

2.4.2 数值计算方法

求解动量方程以得出速度场的真正困难在于计算未知的压力场，求解压力场的方法主要有四种：联立求解法、求解压力泊松方程法、人为压缩法和压力修正法。目前常用的压力修正算法源于Patankar与Spalding提出的SIMPLE（Simi-Implicit Method for Pressure-Linked Equations）算法，基于交错网格上的SIMPLE算法在耦合速度场与压力场方面取得了巨大成功，也已经成为世界各国学者求解不可压缩流体流动问题的主要方法。

SIMPLE算法在计算流体力学和计算传热学中应用较广，其计算过程可描述如下：

（1）给出整个积分区域的压力分布 p^*、u^*、v^*、w^*、ϕ^* 的假设值；

（2）将上一步给出的假设值代入离散的动量方程，依次得各速度分量 u^*、v^*、w^* 的分布；

（3）建立并求解压力修正值方程，得 p'；

（4）校正压力分布：$p = p^* + \alpha_p p'$。式中，α_p 是松弛因子，在这里常用低松弛（$\alpha_p < 1$）；

（5）求出速度校正值 u'、v'、w'，得到校正后的速度分布：$u = u^* + u'$，$v = v^* + v'$，$w = w^* + w'$；

（6）把第（4）步求得的 p 作为下次迭代所需压力的估计值，重复上述第（2）步至第（5）步；

（7）其他因变量 φ 方程的求解可以插在上述步骤之间，但通常是在速度场基本收敛之后再解其他变量；在有些情况下，需要对上述第（2）步至第（7）步进行多次循环才能得到收敛的解。

2.4.3 求解过程

离散后所得的代数方程组，需要将边界条件及其他附加条件代入，对湍流动能和耗散率与压力、速度变量进行迭代计算。数值求解过程表示如下：

（1）初始化，为待求各量赋初始值；

（2）并入边界条件的约束，由现有值求得方程中的各相关系数；

（3）用上述讲述的迭代算法求出下一轮的各变量值；

（4）用求得的值进行校验，判断是否已达到所要求的近似解；

（5）若各值已满足要求，则输出结果，结束计算，否则，转到第（2）步继续下一轮的迭代。

2.5　常用CFD软件

目前，市场上可选用的商用CFD软件较多，其中一些通用的CFD商业软件因其具有功能强大、与其他CAE软件接口友好、稳定性强和适用于多操作系统等诸多优点，获得市场的广泛青睐。这些软件主要包括PHOENICS、STAR-CD、FLUENT、CFX、STAR-CCM+和AIRPAK等。

1．PHOENICS软件

PHOENICS是Parbolic，Hyperbolic or Ellicpic Numerical Integration Code Series的简称，该软件是由英国CHAM公司开发的模拟传热、流动、反应、燃烧过程的通用CFD软件，是世界上第一套计算流体与计算传热学商用软件，自1981年问世以来，已有40多年的历史。PHOENICS已广泛应用于航空航天、船舶、汽车、建筑、暖通空调、环境、能源动力、化工等领域。

PHOENICS的VR（虚拟现实）色彩图形界面是CFD软件中处理最方便的，可以直接读入其他CAD软件导出的STL和3DS格式模型文件，使复杂几何体的建模更加方便。在边界条件的定义方面也极为简单，并且网格自动生成。缺点是网格比较单一粗糙，对于复杂曲面或曲率小的地方，网格不能细分，无法实现贴体网格。

在流体模型上，PHOENICS内置了多种适合于各种雷诺数场合的湍流模型，包括雷诺应力模型、多流体湍流模型和通量模型及KE模型的各种变异，共计22个湍流模型、8个多相流模型，10个以上差分格式。

PHOENICS可对三维稳态或非稳态的可压流或不可压流进行模拟，包括非牛顿流体、多孔介质中的流动，并且可考虑黏度、密度、温度变化的影响。

另外，PHOENICS自带了1000多个例题与验证题，附有完整的可读可改的输入文件，方便用户学习。

2．STAR-CD

STAR-CD是基于有限体积法的通用流体计算软件。STAR是Simulation of Turbulent Flow in Arbitrary Region的缩写，CD是Computational Dynamics Ltd的缩写。该软件的

开发者之一—Gosman与PHOENICS的创始人Spalding都是英国伦敦大学同一教研室的教授。STAR-CD的强项在于汽车工业，如汽车发动机内的流动和传热。

在网格生成方面，采用非结构化网格，单元体可采用六面体、四面体、三角形界面的棱柱、金字塔形的椎体以及六种形状的多面体，与其他CAD、CAE软件的兼容性好。

在差分格式方面，纳入了一阶迎风、二阶迎风、CD、QUICK以及一阶迎风与CD或QUICK的混合格式。

在压力耦合求解方面采用SIMPLE、PISO以及称为SIMPLO的算法。

在湍流模型方面，有KE、RNG-KE、KE两层等模型，可计算稳态、非稳态、牛顿流体、非牛顿流体、多孔介质、亚音速、超音速和多相流等问题。

3．FLUNET

FLUENT是ANSYS公司旗下的商用流体分析软件，是当今世界CFD仿真领域最全面的软件包之一，具有广泛的物理模型，能够快速、准确地得到CFD分析结果。

FLUENT软件包含基于压力的分离求解器、基于密度的隐式求解器、基于密度的显式求解器，多求解器技术使FLUENT软件可以用来模拟从不可压缩到高超音速范围内的各种复杂流场。FLUENT软件包含非常丰富、经过工程确认的物理模型，由于采用了多种求解方法和多重网格加速收敛技术，因而FLUENT能达到最佳的收敛速度和求解精度。灵活的非结构化网格和基于解的自适应网格技术及成熟的物理模型，可以模拟高超音速流场、传热与相变、化学反应与燃烧、多相流、旋转机械、动/变形网格、噪声、材料加工等复杂机理的流动问题。

4．CFX

CFX也是ANSYS公司模拟工程传热与流动问题的商用软件。作为世界上唯一采用全隐式耦合算法的大型商业软件，算法上的独特性、丰富的物理模型和前后处理的完善性，使得ANSYS CFX在结果准确性、计算稳定性、计算速度和灵活性等方面都有着优异的表现。除了一般的流动问题外，ANSYS CFX还可以模拟诸如燃烧、多相流、化学反应等复杂流场。

5．STAR-CCM+

STAR-CCM+是西门子公司推出的新一代CFD软件，采用最先进的连续介质力学算法（Computational Continuum Mechanics Algorithms），并和卓越的现代软件工程技术结合在一起，拥有出色的性能、精度和高可靠性。

STAR-CCM+拥有一体化的图形用户界面，从参数化CAD建模、表面准备、体网格生成、模型设定、计算求解直到后处理分析的整个流程，都可以在同一个界面环境中完成。

基于连续介质力学算法的STAR-CCM+，不仅可以进行热流体分析，还拥有结构应力、噪声等其他物理场的分析功能，功能强大而又易学易用。

STAR-CCM+创新性的表面包面功能、全自动生成多面体网格或六面体为核心的体网格功能、在计算工程中实时监控后处理结果的功能，甚至细微到使用复制、粘贴功能传递设定参数等，处处体现了STAR-CCM+为了最小化用户的人工操作时间，更方便、更直接地将结果呈现在用户面前而精心设计的理念。

6．AIRPAK

AIRPAK是面向建筑和设计等领域的专业人工环境系统分析软件，特别是在HVAC领域，它是目前国际上HVAC领域比较流行的商用CFD软件。它可以精确地模拟所研究对象内的空气流动、传热和污染等物理现象，可以准确地模拟通风系统的空气流动、空气品质、传热、污染和舒适度等问题，并依照ISO7730标准提供舒适度、PMV、PPD等衡量室内空气质量（IAQ）的技术指标，从而减少设计成本，降低设计风险，缩短设计周期。

AIRPAK采用FLUENT求解器，从而得到准确的结果。它提供的模型广泛，包括自然对流、强迫对流和混合对流模型；热传导模型、流体与固体耦合传热模型、热辐射模型；层流与湍流；稳态与瞬态等。具有强大的报告和可视化工具，提供了专业全面的数值模拟结果，可以模拟不同空调系统，不同气流组织形式下室内的温度场、湿度场、速度场、空气龄场、污染物浓度场、PMV场、PPD场等，以对房间的气流组织、热舒适性和室内空气品质进行全面综合评价。

2.6　本章小结

本章首先介绍了流体力学的基础知识，然后讲解了计算流体动力学（CFD）的求解过程、控制方程和求解方法，最后介绍了常用的CFD商用软件。通过本章的学习，读者可以掌握计算流体力学的基本原理和概念，了解目前常用的CFD商用软件。

第3章

PHOENICS软件
基本操作

PHOENICS作为世界上第一款商用CFD软件，为用户提供了多样的模型接口、大量的分析模型和丰富的计算模块，这些特点非常适合于建筑热工环境的模拟计算。具体而言，主要有以下优点：

- 模型接口：支持建筑设计软件AutoCAD、SketchUp、3d Max、Rhino、Revit等；
- 全面分析：提供速度、压力、温度、空气龄、新风量、风速放大系数、相对湿度、PMV、体感温度等分析数据；
- 模型丰富：树木、风、太阳、人体、家具等物体模型，热辐射、温度、湿度、空气龄、热舒适性（PMV、体感温度、PPD、TRES）、污染物等计算模型；
- 设备丰富：风口（压力和流量）、散流器、风机、射流风机、喷淋头、异形风口；
- 自动性强：自动划分网格、自动加密、自动收敛。

3.1 PHOENICS基本使用流程

利用PHOENICS软件进行工程问题求解，一般采用以下工作流程。

1．物理问题抽象

充分认识物理现象，明确计算求解的目的，确定需要计算的物理量。通过对物理现象的初步分析，提取问题的关键要素，忽略不重要的细节问题，将物理现象抽象为数学问题。

2．几何模型建立及计算域确定

在计算问题明确了之后，需要建立用于仿真计算的几何模型。在几何模型建立的过程中，需要考虑哪些模型细节可以简化，哪些不能忽视。在此基础上，确定出用于仿真计算的计算空间，即计算域。

3．确定边界条件

在建立计算域后，需要确定边界条件。边界条件通常需要考虑边界类型、物理量的指定等。PHOENICS软件中有多种边界类型，不同的边界类型对计算收敛有着重要影响。

4．选择物理模型

对于不同的物理现象，在PHOENICS软件中提供了不同的物理模型进行模拟。如考虑传热问题，则需要选择能量模型；若考虑湍流现象，则需要考虑湍流模型等。另外，对于PHOENICS软件，一些计算模型和假设是在源项中指定的，如重力作用、壁面函数等问题的指定。

5．设置材料和环境参数

确定物理模型后，需要指定计算的材料，如空气、水等；另外，对于不同的环境状态，材料的物性参数也会发生变化，因此需要给定计算时所处的环境参数。

6．计算网格划分

当计算域确定后，即可开始计算网格的划分。网格划分是对计算域的空间离散。计算网格越细致，网格量越大，计算结果也越准确，但所消耗的计算时间也越长，因此需要合理设置网格尺寸和网格规模。PHOENICS自带的网格划分功能方便快捷。

7．设置求解参数

在以上工作完成后，需要设定求解参数，包括迭代步数、时间步长、收敛控制、差分格式、松弛因子等。

8．初始化及求解计算

在求解之前，还需要进行初始化设置。一般来讲，对于稳态计算，选择合理的初始值有助于加快收敛，并不会影响到最终的计算结果，通常无需设置，按照默认即可。而对于非稳态计算，初始值会影响后续时间点上的计算结果，因此，初始值的设置需要根据实际情况设置。

9．计算后处理

计算完成后，需要进行后处理工作，主要包括图形处理和数据处理两部分。此部分既可在PHOENICS软件中完成，也可以导入更专业的后处理软件实现。后处理一般包括：表面或截面上的物理量云图、矢量图、流线图、等值面图、动画和计算结果输出等。

3.2 PHOENICS软件界面和功能

3.2.1 PHOENICS界面

PHOENICS主界面如图3-1所示，主要包含菜单栏、工具栏、快捷键、建模与前处理、位置、尺寸、可视化界面、监测点和视窗调整等构成。

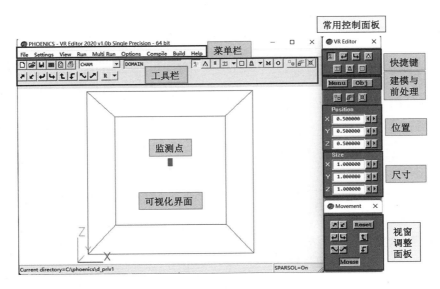

图3-1 PHOENICS主界面

在主界面中，常用的两个控制面板：VR Editor和Movement（视窗调整）。其中VR Editor主要用于建模和前处理过程。如果主界面中不显示VR Editor面板时，可通过菜单栏中View >> Control panel打开。VR Editor的功能如图3-2所示。

在VR Editor中，Position（位置）和Size（大小）的设置在不同情况下功能有所不同：

（1）当选中物体模型时，Position和size为此模型的位置和大小；

（2）当没有选中任何物体时，Position为probe（监测点）的位置，Size为计算域大小。

Movement视窗调整控制面板主要用于调整视图区对象的位置、方向、大小等。同样，如果主界面中不显示Movement面板，可通过菜单栏中View >> Movement control打开。Movement的功能如图3-3所示。

当计算完成进入后处理后，VR Editor面板就变为VR Viewer控制面板，此时，该面板主要用于计算结果后处理。如果主界面中不显示VR Viewer，可通过菜单栏中View >> Control panel打开。VR Viewer的功能如图3-4所示。

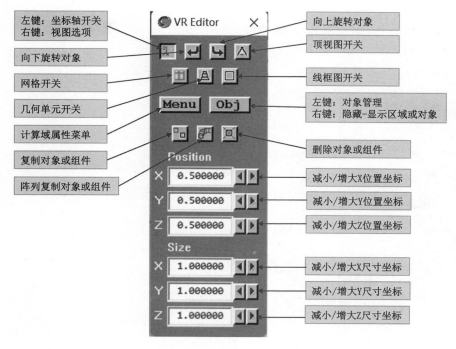

图3-2　VR Editor控制面板

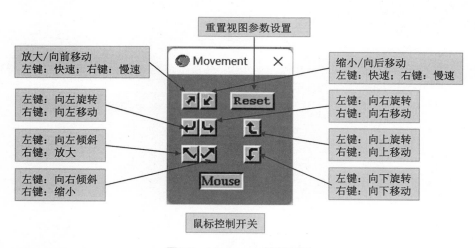

图3-3　Movement控制面板

　　在前处理过程中，VR Editor面板上最常用的两个功能按钮是Menu和Obj，如图3-2所示。其中，Menu为计算域属性设置按钮，点击后打开如图3-5所示的Domain Settings（计算域设置）窗口，主要用于定义项目名称、计算域大小、网格划分、计算模型设置、材料物性参数、初始化、源项、数值计算参数和输出选项等各种参数。Obj为对象管理按钮，点击后出现如图3-6所示的Object Management（对象管理）对话框，用于设置边界条件的类型、尺寸、位置和物理属性等。

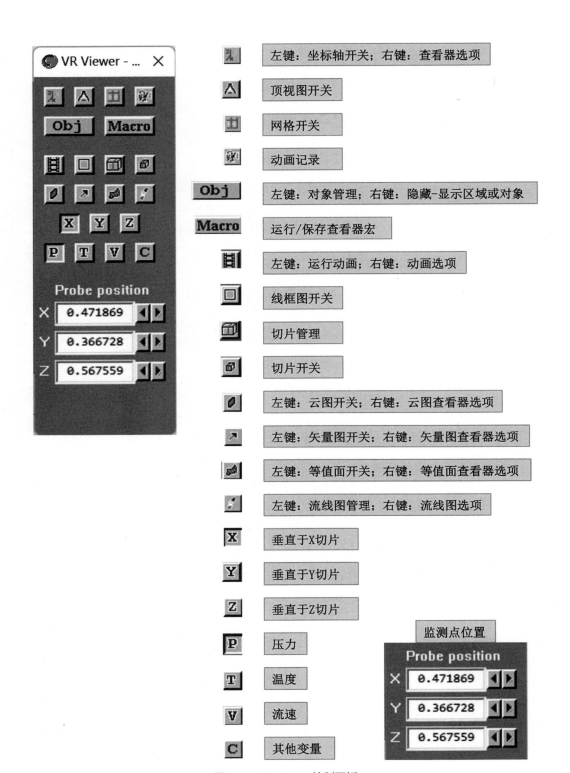

图3-4　VR Viewer控制面板

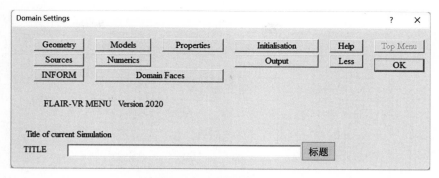

图3-5　Menu计算域属性窗口

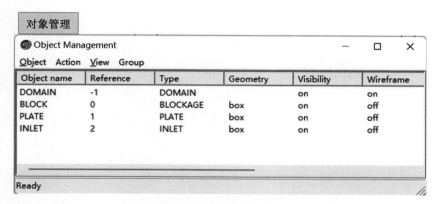

图3-6　Obj对象管理窗口

3.2.2　PHOENICS菜单

PHOENICS软件的菜单栏包括File（文件）、Setting（设置）、View（视图）、Run（运行）和Options（选项）等主要选项。各个菜单选项的功能如表3-1所示。

各个菜单选项的功能
表3-1

序号	菜单	子菜单	功能
1	File 文件	Start New Case	新建算例
2		Open Existing Case	打开已有的案例
3		Load from Labraries	从模型库中打开案例
4		Reload Working Files	重新加载工作文件
5		Open File for Editing	Q1（Input File）读取Q1输入文件，包含建模、网格、边界条件等信息
6			Result（Output File）打开结果文件，包含计算时间、网格、守恒等信息

序号	菜单	子菜单	功能
7	File 文件	View monitor plot	查看监控窗口
8		Save Working Files	保存工作文件
9		Save As a Case	保存
10		Save Q1 File As	将Q1文件另存为
11		Save Window As	保存图片
12		Print	打印
13		Exit（Save Settings）	退出（保存设置）
14		Quit（No Save）	关闭（不保存）
15	Settings 设置	Domain Attributes	计算域属性
16		Probe Location	监测点位置
17		Add Text	添加文本
18		New（New Object）	新建对象
19		Object Attributes	对象属性
20		Find Object	查找对象
21		Datmaker Operations	模型合并、炸开等操作
22		Editor Parameters	移动监测点快慢设置
23		Contour Options	云图选项
24		Vector Options	矢量图选项
25		Iso-Surface Options	等值面选项
26		Plot Limits	图形界限
27		Viewer Options	查看器选项
28		X Cycle Settings	X循环设置
29		Plot variable Profile	绘制线性图
30		View Direction	视图方向
31		Near Plane	附近平面
32		Rotation Speed	调整鼠标旋转速度
33		Zoom Speed	调整缩放速度
34		Depth Effect	深度效果（三维视距）
35		Adjust Light	调整光线
36	View 视图	Control Panel	常用控制面板
37		Movement Control	调整视窗
38	Run 运行	Pre Processor 前处理	GUI- Pre Processor（VR Editor）（设置几何模型、物体属性、材料、环境和计算条件等）

序号	菜单	子菜单	功能
39	Run 运行	Solver求解	启动计算求解
40		Post Processor 后处理	GUI-Post Processor（VR Viewer）（计算结果查看）
41		Utilities工具	FacetFix-STL repair（STL文件修改工具）
42	Options 选项	Change Font	改变字体参数
43		Background Colour	改变主界面背景色
44		Additional Interfaces	Additional Tecplot Output后处理与Tecplot软件接口（处于选中状态）

3.2.3　PHOENICS工具

PHOENICS主要工具栏（图3-7）中各个按钮的功能与VR Editor和Movement两个面板中的功能相同，此处不再赘述。

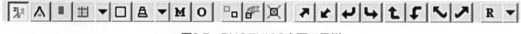

图3-7　PHOENICS主要工具栏

3.3　PHOENICS前处理

3.3.1　几何模型建立及导入

在CFD计算中，需要首先建立用于计算的几何模型，并设定用于计算求解的模型范围，这些用于计算求解的全部模型区域，称为计算域。几何建模的过程就是建立并确定计算域的过程。

1．几何模型建立

PHOENICS仿真计算所用的几何模型，主要通过两种方式建立：

（1）简单的几何模型可在PHOENICS中直接建立，同时，PHOENICS自带了很多模型，例如，人体形状，各种家具等。

（2）复杂的模型可用AutoCAD、SketchUp、Rhino、3d Max、Pro/E等CAD软件建模，然后再将模型导入PHOENICS。

这里以建筑学领域常用的AutoCAD和SketchUp软件为例，来说明两种软件所建几何模型导入PHOENICS软件的基本要求，具体见表3-2。

AutoCAD和SketchUp所建模型导入PHOENICS软件的基本要求　表3-2

导出模型要求	AutoCAD	SketchUp
几何模型	必须是三维实体图形	必须是三维封闭的图形
输出格式	STL	3DS
模型默认单位	mm	m
其他要求	图形实体位于第一象限	模型所有的面的方向朝外

为便于在AutoCAD中快速建立用于PHOENICS仿真计算的三维模型，将常用的AutoCAD几何建模命令罗列于表3-3中。

AutoCAD几何建模命令　　　　　　　　表3-3

CAD 建模命令	含义	应用
Pl（Pline）	绘制多段线	勾画建筑轮廓线
Reg（region）	将封闭曲线变为面域	将建筑轮廓线变为面域
Ext（Extrude）	将闭合二维线框拉伸为三维实体	二维线框转换为三维实体，需要墙、窗等高度值
Uni（Union）	将两个或多个三维实体合并为一个，相交的部分将被删除	如：将分散的墙体模型合并为一个模型，方便导出
Su（Subtract）	在A模型中减去与B模型重合的部分	如：建外墙模型时，用外轮廓减去内轮廓
In（Intersect）	用来将两个模型相交的部分保留下来，删除不相交的部分	此功能不常用
stlout	导出"stl"格式的三维模型，不能导出面，但导入PHOENICS的物体厚度设为0后，可以作为面使用	

2．几何模型导入

采用上述方法建立的几何模型，需要导入到PHOENICS中才能进行仿真计算，具体的导入过程如下：

（1）打开菜单栏View >> Control panel，即可出现VR Editor快捷菜单，单击Obj菜单，弹出Object Management（对象管理）窗口，选择Object >> New，显示New Object（新建对象）、Import CAD Object（导入CAD文件）或Import CAD Group（导入CAD

组件），如图3-8所示。

（2）选择New Object（新建对象），选择新建对象的类型（如实体Blockage、风口Inlet、风机Fan），弹出如图3-9的Object Specification（对象指定）对话框，在该窗口中，可以设置对象的名称、类型、大小、位置、形状和属性等参数。

在设置Size（大小）标签下，可以设置对象在三维坐标系中的尺寸和缩放比例，如图3-10。

同样，当指定到Position（位置）标签时，如图3-11，可以通过角点或者中心点指定对象的位置，在设定位置时，也可以对对象进行旋转操作。

（3）若要设置物体形状，点击Shape（形状）标签，如图3-12，从Geometry对话框可以找到PHOENICS自带的各种形状的物体，也可以从外部导入几何模型。关于外部几何模型导入的方式主要有两种，一种是通过Shapermaker中导入一些简单的已经预制好的参数化几何模型；另一种是通过外部CAD文件格式导入（如上述AutoCAD和Sketchup中建立的模型），其中第二种方法在建筑类专业中比较常用。

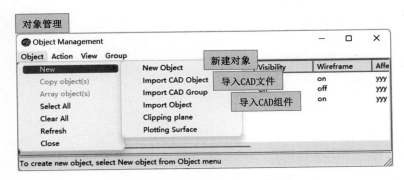

图3-8　Object Management窗口

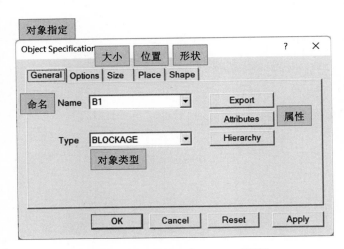

图3-9　Object Specification对话框

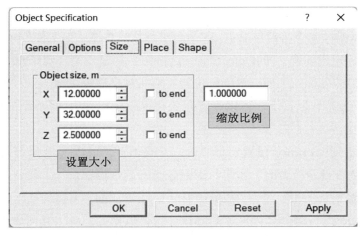

图3-10 对象的大小及缩放比例设置

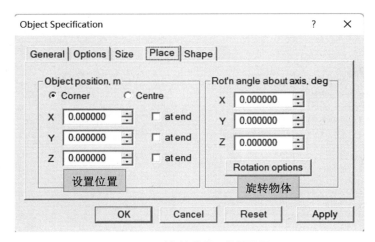

图3-11 对象的位置及旋转设置

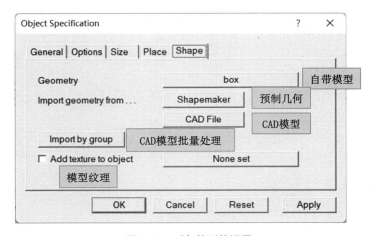

图3-12 对象的形状设置

对于外部模型的导入，既可以以单个文件的方式导入（即通过单击CAD File按钮实现），也可以一次性导入多个CAD文件（即通过点击Import by group按钮实现）。

➤ 读取单个CAD文件步骤：

（1）单击CAD File按钮，打开对话框，浏览找到所建的STL文件（注意：存放STL文件的路径须为英文路径），单击打开（O），弹出如图3-13所示的Import STL Data对话框。在模型导入过程中，将会把STL格式文件转换为DAT文件，转换的过程中可以进行补洞、一致性检查、折叠检查、图形输出和块体分割等选项操作。

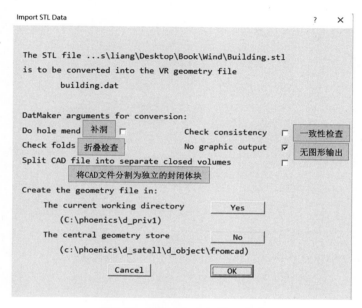

图3-13　导入STL几何模型数据

补洞： 定义物体的表面应该构成一个完整的封闭体积。该功能将试图识别任何缺失的表面，并用新的表面填充产生的空洞。

折叠检查： 有时几何中的面可能会相互折叠，导致在求解阶段的检测出现问题。该功能将试图识别这些面并用展开的面替换它们。

检查一致性： 组成封闭体积的面必须全部朝外。有时某些表面指向内部，导致检测出现问题。该功能将试图确保所有面都指向相同的方向，并且都指向外部。

无图形输出： 勾选时（默认），Datmaker 静默运行，无需用户输入。未勾选时，一旦转换完成，Datmaker 将打开一个图形窗口，允许在导入VR-Editor 之前检查原始和转换后的几何图形。

将CAD文件拆分为单独的封闭体块： 勾选后，在原始 CAD 中找到的每个封闭卷都将作为单独的DAT文件输出，这可能会导致创建数百个文件。

（2）单机OK，出现如图3-14所示的Geometry Import对话框，根据需要选择下面的参数：

将Take size from Geometry file（读取模型的尺寸）设为Yes；

将Take position from Geometry file（读取模型的位置）设为Yes；

将Phoenics origin in CAD system（CAD坐标系统原点指定）设为At object position（模型CAD位置）；

将Geometry scaling factor（比例缩放因子，即单位换算）设为0.001，PHOENICS中默认单位为m，假如AutoCAD中尺寸单位为mm，此处修改为：0.001，点击OK。

➢ 读取多个CAD文件步骤：

单击Import by group，出现如图3-15所示的Group CAD/DAT Import对话框，点击

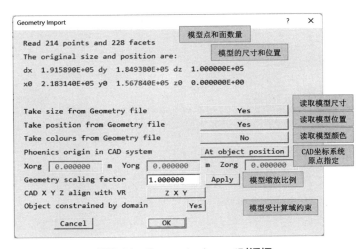

图3-14　Geometry Import对话框

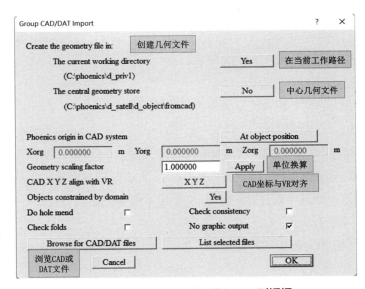

图3-15　Group CAD/DAT Import对话框

Browse for CAD/DAT Files，浏览找到所建的多个STL文件，同时选中所需要导入的几何模型，单击打开（O），同样需要按照单位换算设置模型的缩放比例。设置完成后，再次单击OK即可实现模型的导入。

3.3.2　边界条件指定

为了获得计算的唯一解，必须在计算域的边界上设置一定的约束条件，即边界条件。边界条件的确定有三种方法：（1）在Settings（设置）菜单中新建，如图3-16所示；（2）工具栏中点击O按钮；（3）VR Editor控制面板中点击Obj。后两种方式的打开界面及操作已经在3.2.1节中介绍过，此处不再赘述。

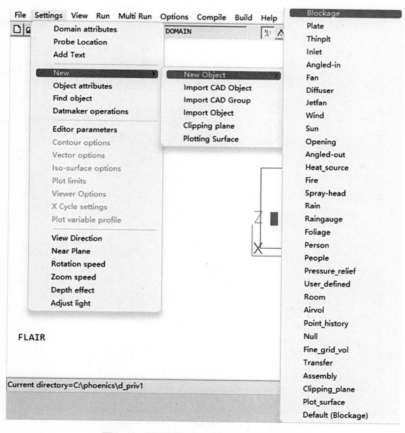

图3-16　通过菜单Settings新建边界条件

PHOENICS可提供多种边界条件类型，各种边界条件的类型及功能描述如表3-4所示。

边界条件类型	功能描述
Blockage堵塞	3D，固体或者流体，提供热源和动量源
Plate平板	2D，没有厚度的障碍物，也可以作为多孔介质
Thinplt薄板	2D，标称厚度传热介质
Inlet进口	2D，通风口（速度、体积流量、质量流量）
Outlet出口	2D，固定压力
Angled-in三维入口	3D，在底层Blockage对象表面上的固定质量源，用于设置不规则风口
Fan风机	2D，固定速度
Diffuser	扩散器
Jetfan	创建固定速度的体积
Wind风	3D，三维风环境、包括周边边界条件。一般根据当地的气象数据参数设置
Sun太阳	3D，在整个区域内使用太阳辐射热负荷
Opening开口	2D，设置压力边界条件，不可以导入，必须是二维的Object且必须为垂直坐标轴的面，限制性较大
Angled-out三维出口	3D，不规则物体表面压力边界条件，可以导入，需与Blockage有交界面，交界面即为压力边界，可为任意形状
Heat_source热源	2D或3D，带热源的流体或固体区域
Fire	火
Spray-head	喷头
Rain	雨
Raingauge	雨量计
Foliage叶子	3D，代表植被效果
Person人员	设置人体的坐站姿势和热量
People人	设置人体的热量
Pressure Relief泄压	某个位置设置压力点源
User Defined用户自定义	2D或3D，用户自定义源项（PATCH/COVAL）
Room	用于后处理，定义房间体积，方便提取换气次数
Airvol	房间，用于定义空间体积
Point History	某个位置的瞬态数据存储
Null空值	2D或3D，用于控制和改善网格
Fine Grid Vol	3D，局部细化网格
Transfer转移	2D，用于计算的热源

边界条件类型	功能描述
Assembly组合	2D 或 3D，容器组件，用于管理其他组件
Clipping Plane裁剪平面	3D，剪辑图像，不影响计算结果
Plot Surface绘图表面	2D或3D，在查看器中提供等高线或矢量图的表面。对计算无影响
PCB印刷电路板	3D，非各向同性热传导固体或者流体

> 常用的边界条件

（1）Wind边界

在Object Specification（对象指定）中，将边界类型设置为Wind，选择Attributes（属性）按钮，弹出如图3-17所示的Wind Attributes（风属性）对话框。在该对话框中，室外风的状态可以通过读取外部气象文件直接获取建筑所在地的周围环境，也可以自行输入数据。室外风状态主要对室外风的密度、压力、温度、风速、风速位置、风向、梯度风、粗糙高度、天空环境和地面温度等参数进行设置。

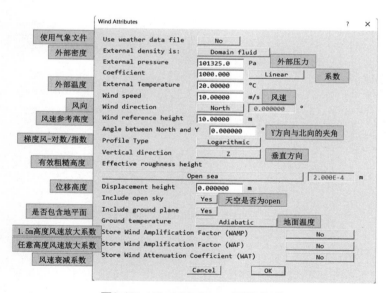

图3-17　Wind Attributes设置对话框

需要说明的是：

> 关于Coefficient系数的设置：该值越大，最终计算结果中入口处的压力与设定的外部压力（External pressure）越接近，此系数用于固定入口处的压力值。

> 关于地面粗糙高度的设置，不同地面类型，不同高度处的风速也不同。

可参照下列高度与风速的计算式（3-1）取值。

$$V_h = V_0 \left(\frac{h}{h_0} \right)^n \tag{3-1}$$

式中，V_h——高度为h处的风速，m/s；

$\qquad$ V_0——基准高度h_0处的风速，m/s，一般取10 m处的风速；

$\qquad$ n——指数。根据《建筑结构荷载规范》GB 50009—2012[①]，地面粗糙度可分为A、B、C、D四类。

A类：近海海面和海岛、海岸、湖岸及沙漠地区，指数为0.12；

B类：田野、乡村、丛林、丘陵以及房屋比较稀疏的乡镇和城市郊区，指数为0.16；

C类：有密集建筑群的城市市区，指数为0.22；

D类：有密集建筑群且房屋较高的城市市区，指数为0.30。

（2）Blockage边界

在Object Specification（对象指定）对话框中选择Attributes（属性），弹出如图3-18所示的体块属性设置对话框。在该对话框中，可以设置体块的材料类型、材料属性、表面粗糙度、壁面函数、滑移速度和能量源等参数。

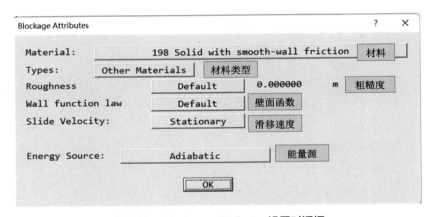

图3-18　Blockage Attributes设置对话框

（3）Plate边界

图3-19为Plate边界的属性对话框。在该对话框中可设置平板的粗糙度、壁面函数、能量源和滑移速度等参数，也可以通过Inform功能来编写函数关系。

（4）Inlet边界

图3-20为Inlet边界的属性对话框。在该对话框中可设置入口处的净面积比、入口处的空气密度、温度、压力和空气流速或流量等参数。此外，Opening、Angled-In、Angled-out等边界条件的参数设置与Inlet类似，根据实际计算环境状况进行设置即可。

---

① 住房和城乡建设部.《建筑结构荷载规范》GB 50009—2012.

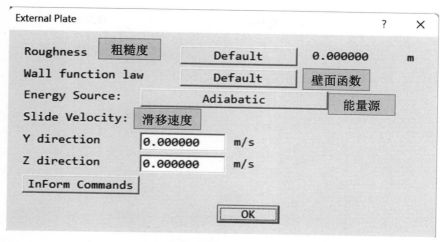

图3-19 Plate设置对话框

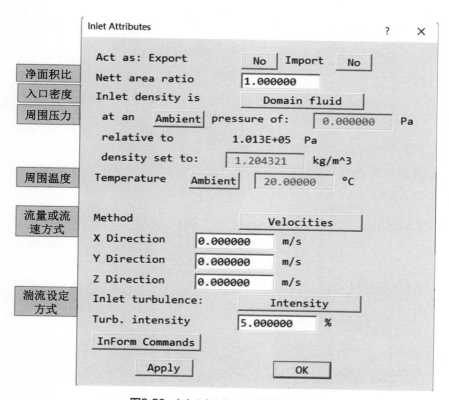

图3-20 Inlet Attributes设置对话框

（5）Sun边界

图3-21为Sun边界的属性对话框。在该对话框中可设置地理纬度、太阳光照的日期、时间、太阳直射辐射和散射辐射强度等参数。同时，也可以输出光照量、热源温度和热量等数据。

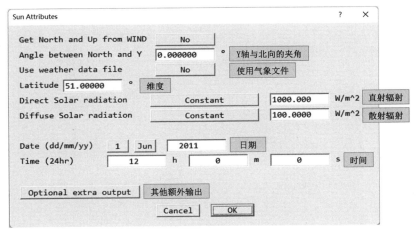

图3-21 Sun Attributes设置对话框

3.3.3 计算网格划分

网格是对空间离散化所产生的数据节点。根据建筑边长划分适当的网格，单击Menu后选择Geometry按钮，设定计算域，如图3-22，主要设置如下：

（1）坐标系的选取，有笛卡尔坐标，圆柱极坐标，贴体坐标；

（2）稳态和非稳态求解选择；

（3）固体表面网格优化技术，主要有PARSOL和SPARSOL。当计算热岛效应时必须要用PARSOL；PARSOL技术就是一种捕捉曲面和网格的交点，然后线性连接起

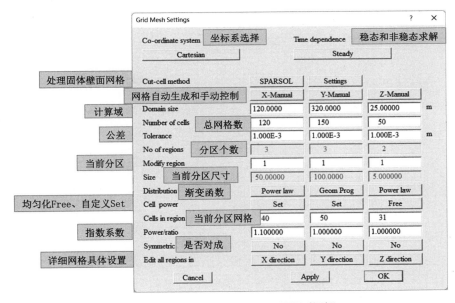

图3-22 Grid Mesh Settings设置对话框

来，从而避免了边界上因结构化网格而产生的阶梯形；

（4）网格自动生成和手动控制；

（5）计算域的设置，即Domain Size；按照计算需求设定计算域大小；

（6）网格数量的设置，即Number of cells；

（7）分区个数设置；

（8）各个分区详细的网格划分方法和数量控制等。

在仿真计算时，为在较短的时间内获得较为准确的计算结果，通常需要对计算网格进行疏密控制。在PHOENICS中，网格的设置和疏密调整主要有如下6种方式，即直接加密、均匀网格、渐变网格、物体影响网格、NULL加密和嵌套网格。

1. 直接加密

默认情况下PHOENICS会对计算域进行自动网格划分，如图3-23，在X方向和Y方向分别划分为3个分区。如果要对X方向左边第2个分区进行加密，首先点击X-Auto将自动模式切换为X-Manual（手动模式），然后设定Modify region（当前分区）为2，并在分区Cells in region（网格数）中将原来的12变为36，扩大为原来的三倍，如图3-24。

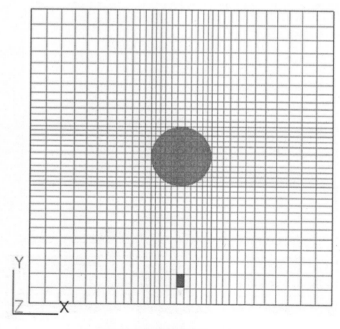

图3-23 自动网格划分效果

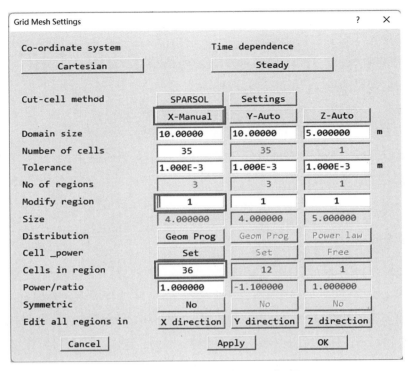

图3-24　Grid Mesh Settings对话框

单击OK完成网格直接加密如图3-25。

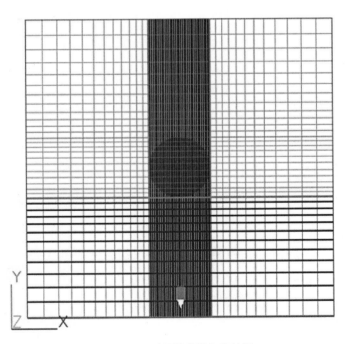

图3-25　手动网格直接加密效果

2．均匀网格

如果对网格划分比较了解的话，可以分别打开X direction、Y direction、Z direction对各个区域的网格进行详细划分。如要对Y方向采用均匀网格加密，首先点击Y-Auto将自动模式切换为Y-Manual（手动模式），然后点击Y Direction进入Y Direction Settings，然后单击Free all，系统则会均匀划分网格，最后设置Y方向网格总数，如本例设为100，如图3-26。

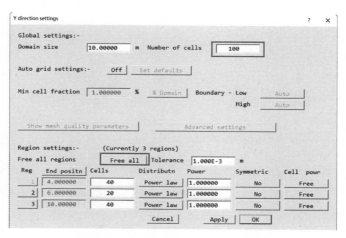

图3-26　Y Direction Settings对话框

单击OK完成均匀网格加密如图3-27。

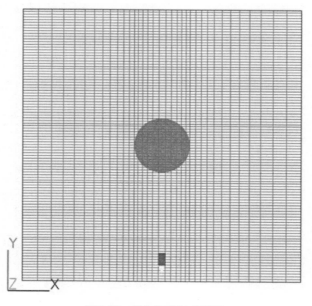

图3-27　均匀网格加密效果

3．渐变网格

在网格生成的过程中可以通过网格渐变来调控网格总量，从而实现在最少网格的状态下更快地得到较为准确的计算结果。网格渐变主要通过Power/Ratio中的数值来调节，数值的正负号表示网格的变化方向。当Power为正数时，表示朝正方向变化；当Power为负数时，表示朝负方向变化。|Power|>1，表示网格逐渐变大；|Power|<1，表示网格逐渐变小。Symmetric表示对称网格渐变。

举个例子，如想要将X方向第1分区的网格沿着X正方向按照1.2的比例逐渐增大时，可将如图3-28所示的Power/Ratio设置为1.2，这样第1区网格将变为图3-29的效果。

如果将Symmetric开启的话，网格将会以渐变的效果对称分布，如图3-30。

当然，如果想对每一个分区都进行单独渐变处理，可进入X、Y、Z各个方向的网格设置窗口进行详细设置，如图3-31。

4．物体影响网格（Object affects grid）

物体影响网格（Object affects grid）功能可以对三个方向是否影响网格进行选择。该功能通过以下方式进入：首先点击Obj进入Object management（对象管理）对话框，选择并双击需要设定的某一对象，然后进入Object Specification（对象指定）对

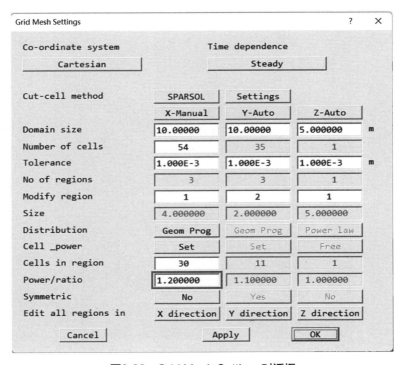

图3-28　Grid Mesh Settings对话框

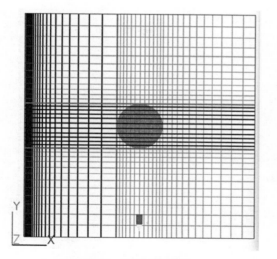

图3-29　渐变网格效果

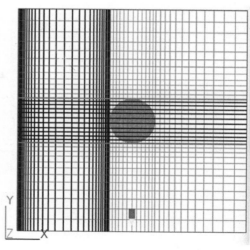

图3-30　对称开启后渐变网格效果

Reg	End positn	Cells	Distributn	Power	Symmetric	Cell _powr
1	4.000000	30	Geom Prog	1.200000	Yes	Set
2	6.000000	12	Geom Prog	1.100000	Yes	Set
3	10.00000	12	Geom Prog	1.100000	No	Set

图3-31　对每个分区的网格进行单独渐变处理

话框，选择Options（选项）标签，出现如图3-32物体影响网格设置。

　　当然，也可以在Object Management（对象管理）对话框选中某一对象后，点击鼠标右键，选择Object affects grid，如图3-33。

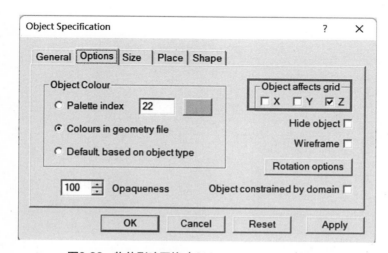

图3-32　物体影响网格（Object affects grid）设置

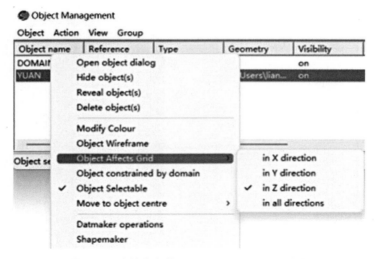

图3-33 右键点击进入Object affects grid设置

5．Null创建划分网格的区域

Null 仅仅是为了对网格进行控制而引入的面或者体，它是假想的空物体，对计算没有任何影响。所谓Null作为PHOENICS-FLAIR中的一种对象类型，它的作用是用来改变计算域的网格划分，从而反映某些局部的细节信息。它可以影响网格却不参与计算，主要是用于剪切和控制网格，可以是2D或3D形式。例如，炉膛的燃烧器区域流场变化比较剧烈，为了真实地反映燃烧器区域的流场情况，需要根据具体情况，加入若干个null物体。它等效于局部加细网格，但在PHOENICS中，它比局部加细网格好收敛一些。

对于Null对象的设置，与前面Blockage条件的设置基本一样，只是将类型选择为Null，如图3-34。按照前面的案例，如果想要在圆柱周围进行加密的话，设置如图3-35所示的Null对象进行网格划分。

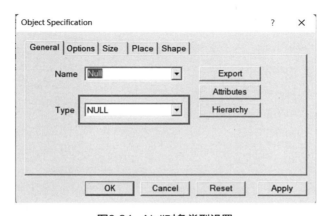

图3-34 Null对象类型设置

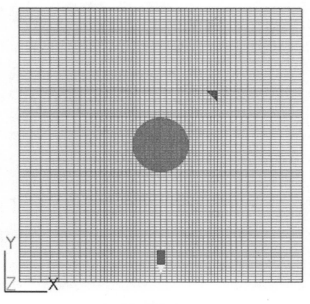

图3-35　Null网格划分

6．嵌套网格（Fine_Grid_Vol）

嵌套网格主要实现网格的局部加密，设置方式为新建Fine_Grid_Vol对象类型，如图3-36所示。添加完成后，点击Attributes（属性）设置X、Y、Z三个方向的加密倍数，如加密1倍后，效果如图3-37所示。

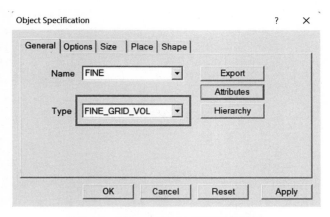

图3-36　Fine_Grid_Vol嵌套网格设置

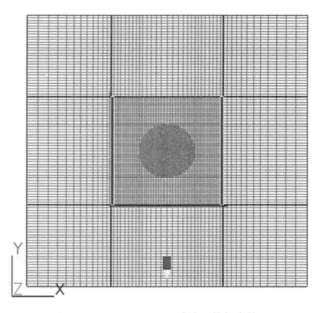

图3-37　Fine_Grid_Vol嵌套网格加密效果

3.3.4　物理模型设置

在设置物理模型之前，可以对项目的名称进行更改，具体为选择Menu按钮，出现如图3-38所示界面。在Title位置输入项目名称即可。

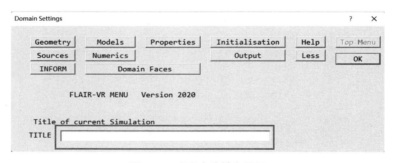

图3-38　项目名称输入界面

在Domain setting窗口选择Models（模型）设置计算模型。如图3-39，Model里的设置包括速度和压力场，温度场，湍流模型，辐射模型，舒适度，湿度，烟气等。通常主要是设置湍流模型，是否打开能量方程或辐射方程。

对于湍流模型，主要有如下湍流模型，各个湍流模型的适用范围[1]如下：

① FLAIR User Guide-CHAM Technical Report TR 313.

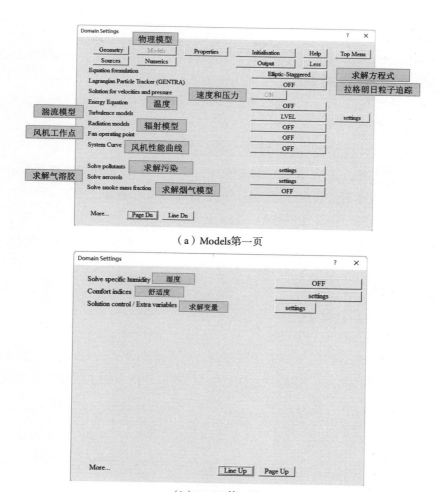

（a）Models第一页

（b）Models第二页

图3-39 Models面板设置

➤ Laminar：流动是层流的，没有湍流模型。

➤ Constant-Effective：湍流黏度是恒定的，默认设置是层流黏度的200倍。

➤ LVEL：广义长度尺度零方程模型，适用于有许多对象且网格较粗的情况，比如建筑室外风环境模拟。

➤ User：高级用户的用户定义模型。

➤ KE Variants：$k\text{-}\varepsilon$模型的几个变体，通常为再循环流提供增强的性能。

➤ Chen-Kim KE：二方程$k\text{-}\varepsilon$模型，更好地预测分离和涡流，这是默认的湍流模型。

➤ KEREAL：可实现的$k\text{-}\varepsilon$模型。更好地预测分离和涡流。

➤ KERNG：RNG导出的两方程$k\text{-}\varepsilon$模型，更好地预测分离和涡流。

➤ KEMODL：经典的二方程高雷诺数$k\text{-}\varepsilon$模型。

➤ KEMMK：Murakami、Mochida和Kondo $k\text{-}\varepsilon$模型，用于在例如风力工程应用

中遇到的钝体周围流动。

> KEKL：Kato-Launder k–ε模型，用于在风工程应用中遇到的钝体周围流动。

> KEMODL-YAP：带有Yap校正的分离流的k–ε模型。

> TSKEMO：两尺度k–ε流动模型，其中湍流生产和耗散过程之间存在明显的时间滞后。

> Low-Re：k–ε模型的几个低雷诺数变体。

关于辐射模型：主要有Immersol和P1-T3两种。PHOENICS独有的Immersol技术，使得当辐射表面数量众多、排列多样时，能够非常方便地使用视角因子保证辐射计算，能计算任意形状固体在流体中的辐射传热。

此外与建筑热相关的计算包括热舒适度计算（PMV预测平均热感觉指标）、湿度计算、空气龄计算、烟气计算和可视度计算等。

3.3.5 材料和环境参数

在计算模型确定后，需要设置计算域材料和环境参数。如图3-40，在PHOENICS中材料属性的选择有固体，液体，气体和其他材料。环境参数主要设置参考大气压、参考温度和表压等。

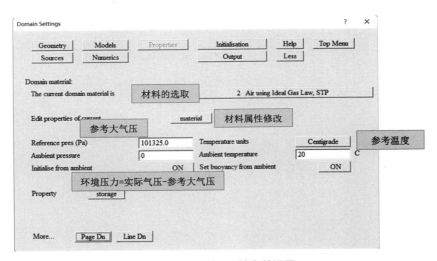

图3-40　材料和环境参数设置

3.3.6 源项设置

图3-41给出源项设置选项。在源项窗口中，需要设置是否开启重力效应，浮升力影响的计算模型，壁面函数模型，循环边界条件和科氏力等参数。

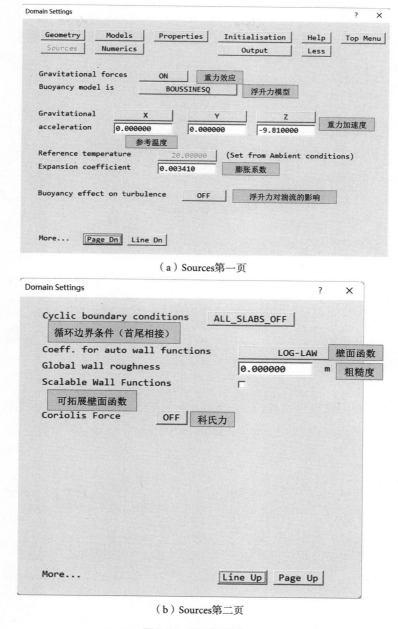

（a）Sources第一页

（b）Sources第二页

图3-41　源项设置窗口

3.3.7　输出选项设置

Output（输出选项）可以设置合成速度输出，瞬态求解时各时刻输出数据的存储设置等，如图3-42。

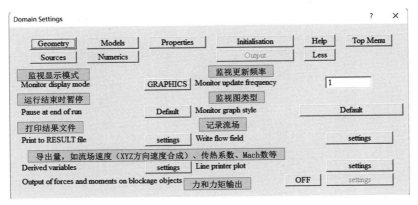

图3-42　Output选项

3.4　PHOENICS求解器

PHOENICS求解器设置主要包括初始化设置和数值计算设置两部分。

3.4.1　初始化设置

如图3-43初始化设置中，Activate Restart for all variables激活后将以上次计算结果为初始条件进行计算，点击Reset initial values to default将重新开始计算。

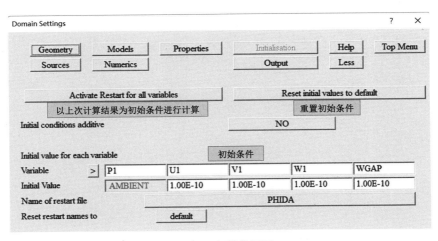

图3-43　初始化设置

3.4.2　数值计算设置

在计算求解时，构建一个固定次数的循环来实现对迭代过程的控制。如图3-44，

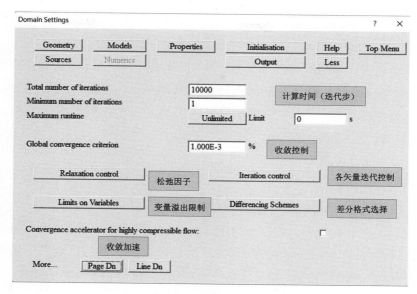

图3-44　Numerics数值计算设置

主要设置迭代数、计算时间、时间步长、内迭数、收敛参数、松弛因子和差分格式等。其中在松弛因子设置中，建议开启PHOENICS自动收敛设置；当无法收敛时，可以设置手动收敛。

关于数值计算收敛的判定，一般有三个判据：（1）监测点的参数值波动很小（见图3-45）；（2）残差降到2~3个数量级（见图3-45）；（3）计算结果物理量守恒，可通过File >> Open file for editing >> Result（output file）获得计算结果。如确定是否质量守恒，打开结果文件后，一般在最下面可找到质量流量，通过出入口的流量结果确定质量是否守恒。

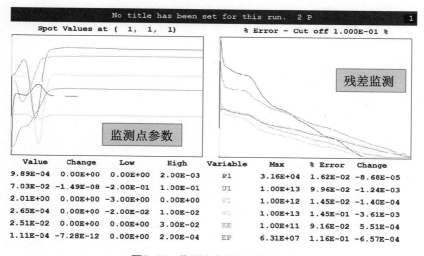

图3-45　监测点参数和残差监测

3.5　PHOENICS后处理

后处理主要对计算结果进行图表查看和数据提取。后处理可通过点击菜单栏中的Run >> Post Processor >> GUI-Post Processor（VR Viewer）进入。如前述图3-4所示VR Viewer中各按钮的功能，PHOENICS中自带的工具可以制作矢量图、云图、等值面图、流线图。设置的变量包括压力、温度和速度等。

3.5.1　分析图制作

以速度变量为例来说明分析图的制作方法。如想得到水平面1.5m高度处的风速云图，首先需要在VR Viewer中将监测点的Z坐标设置为1.5，然后依次点击云图开关按钮、Z按钮和速度变量，将显示切换为Z平面的速度云图显示，如图3-46。

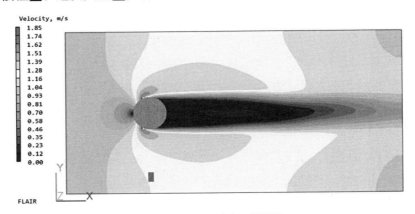

图3-46　Z平面速度云图显示

如果想查看速度矢量图，则再次点击云图开关按钮，关闭云图显示，同时点击矢量图开关按钮，开启矢量箭头显示，如图3-47。

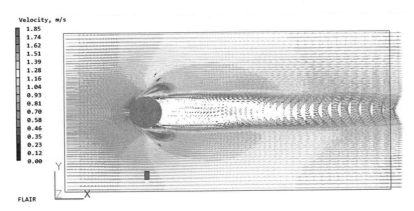

图3-47　Z平面速度矢量图显示

点击图3-4中的C按钮 **C**，将弹出Viewer Options对话框，该对话框可对云图、矢量图、等值面、查看范围和选项等显示内容进行详细设置，具体如图3-48～图3-52所示。

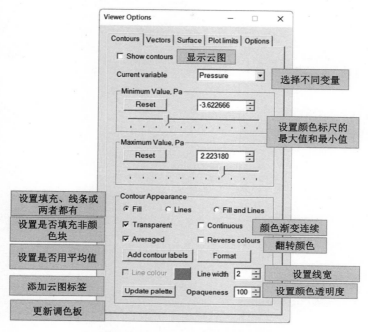

图3-48　Contours云图显示设置

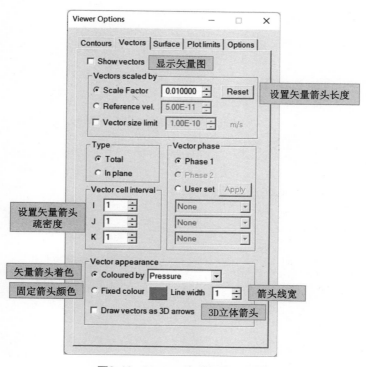

图3-49　Vectors矢量图显示设置

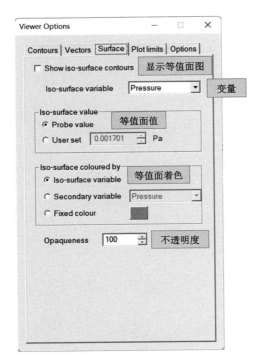

图3-50　Surface等值面显示设置

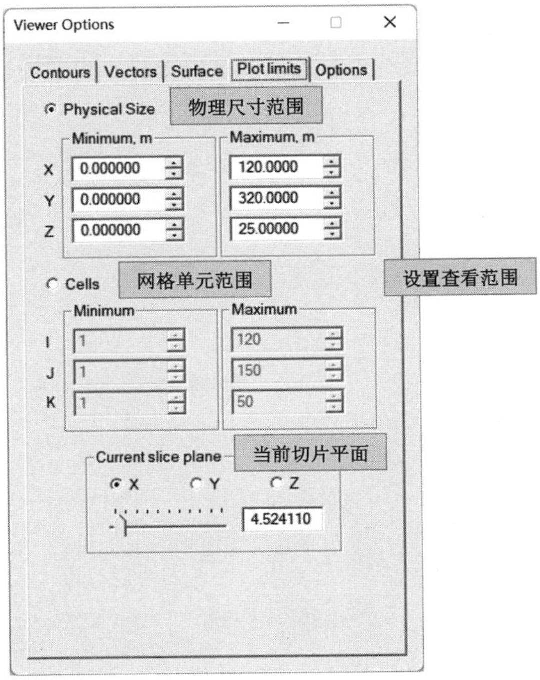

图3-51　Plot limits查看范围显示设置

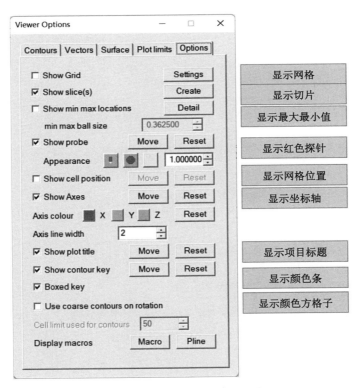

图3-52　Options显示选项设置

常见的后处理变量汇总如下：

> V：风速。
> P：压力。
> T：温度。
> PMV：Predicted Mean Vote预测冷热感指标。
> PPD：Predicted Percentage dissatisfied预测不满意度百分比。
> TRES：Dry resyltant temperature热舒适温度。
> AGE：空气龄，单位为s，表示空气从入口到此位置的滞留时间，用来衡量空气的品质。空气龄越短，表示空气品质越高。
> WAMP：特指人行高度1.5m处风速放大系数。
> WAF：任意高度风速放大系数。
> WAT：风速衰减系数。
> PRPS：检查模型，查看红色区域与模型的匹配度，如果不好需要调整网格。
> LIT：建筑阴影结果。
> #QS2：单位面积太阳辐射得热。
> T3：热辐射温度。

3.5.2　动画制作

对PHOENICS计算结果做动画主要有两种方式，一种是将PHOENICS中的计算结果导入专业的后处理软件（如Tecplot360等）中做动画；另一种是在PHOENICS中直接做动画。

本书将主要介绍第二种在PHOENICS中直接做动画的方法。在PHOENICS中直接做动画针对稳态计算结果和非稳态计算结果也分别有两种制作方式。本书以稳态动画为例来说明制作动画的过程。

对稳态计算结果做动画，只能做流线图动画。首先确定监测点位置，具体方法如下：在菜单栏选择Settings >> Editor parameters，在弹出的对话框中勾选Snap to grid，然后单击Go，如图3-53，在VR Viewer中通过单击Probe position的左右箭头移动位置，长按可快速移动。

在VR Viewer中单击流线按钮，弹出Streamline Options对话框，如图3-54，设置图形模式、流线宽度、流向、颜色变量、流线模式、流线个数、流线起始点和终止点（起点和终点可以通过铅笔头按钮取位置，也可以输入坐标值），参数设置完成后，点击Create Streamlines创建流线，单击OK，弹出Streamline Management对话框。

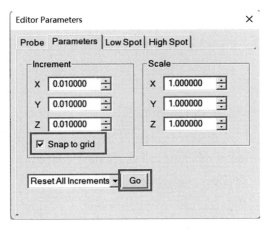

图3-53　Editor parameters对话框

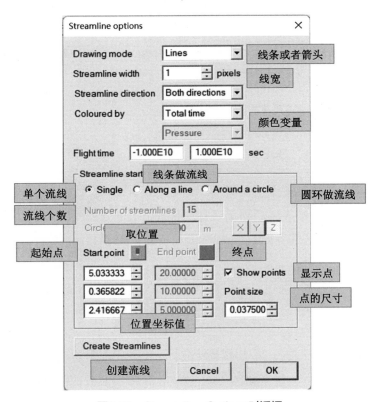

图3-54　Streamline Options对话框

在Streamline Management对话框中，单击菜单栏中Animate >> Animation control，弹出相应的对话框，如图3-55。在该对话框中可设置流动快慢、显示方式、小球或箭头数量、颜色变量等参数，然后单击Start可以预览动画，最后单击Save保存动画，弹出Save Animation as File对话框，如图3-56。在该对话框中可以设置图像分辨率、动画快慢、存储路径和格式（gif动图和AVI视频格式），设置完成后点击OK。

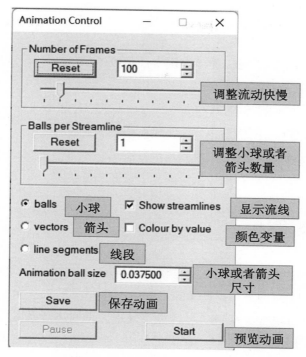

图3-55　Animation Control对话框

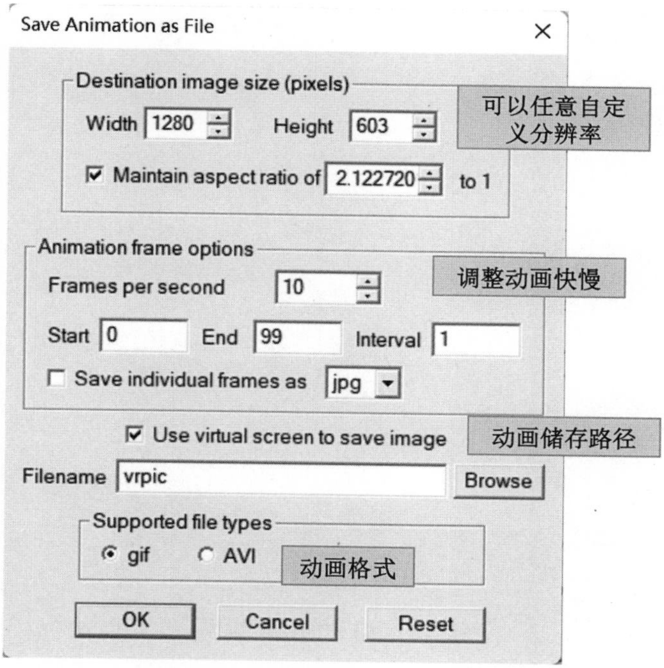

图3-56　Save Animation as File对话框

3.6 PHOENICS入门案例

本节将通过一个PHOENICS简单案例来演示PHOENICS求解过程的基本操作。通过本案例的学习，主要掌握以下几点：

（1）了解PHOENICS求解的基本流程，对CFD求解过程形成感性认识。

（2）熟悉几何建模、网格划分、操作界面和基本流程。

（3）学习设定模型和物性的步骤和基本方法。

（4）掌握简单的后处理功能显示云图、矢量图和流线图。

3.6.1 算例问题描述

图3-57给出了本案例的几何模型。该问题涉及一个长5 m，宽3 m，高2.7 m的房间，该房间包含一个空气开口、一个排气口、一个站立的人、保持恒温的地板和墙面。空气开口尺寸为0.8 m×1.0 m，可让冷空气进入房间进行通风。排气口为0.8 m×0.5 m，以0.2 m³/s的速度抽取空气。在本案例中，将探索空气抽气的惯性力、热量引起的浮升力和室内空气的湍流混合等相互作用对空气流动过程和轨迹的影响。需要说明的是，在PHOENICS中FLAIR模块是针对建筑领域开发的专用程序，对于建筑领域的仿真模拟具有较好的适用性。因此后文的仿真分析如果不做说明均在FLAIR模块下进行。

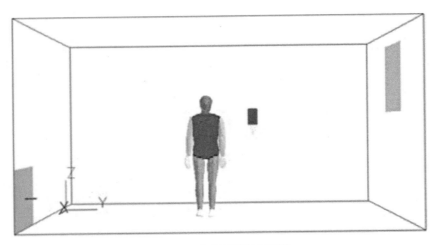

图3-57 入门案例几何模型

3.6.2 建立几何模型

首先，点击桌面PHOENICS VR图标，或者从开始菜单启动VR编辑器。进入如图3-1所示的PHOENICS-VR Editor主界面后，点击菜单栏中File按钮，然后选择Start new case，出现图3-58对话框，依次选择FLAIR和OK。此时，主界面变为FLAIR-VR Editor，如图3-59所示，它由两部分组成，即左侧的主窗口和右侧的控制面板。其中，位于主窗口中的可视化界面显示了红色的计算域，它的默认尺寸为10 m×10 m×3 m。

图3-58　Start new case对话框

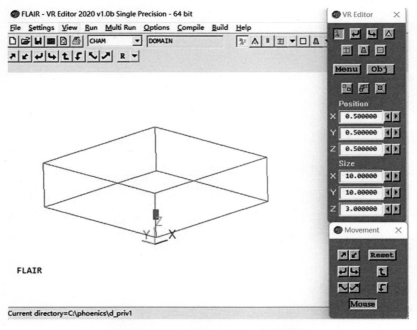

图3-59　FLAIR-VR Editor启动界面

此时，可以通过单击右侧Movement视图控制面板上的"鼠标"按钮，或者使用鼠标左键或右键来旋转、平移或缩放计算域视图。具体操作为：按住鼠标左键移动实现模型转动；按住鼠标右键移动实现模型快速缩放；同时按住鼠标左右键移动实现模型平移；滚动鼠标滚轮实现慢速缩放。

在计算之前首先保存文件，具体操作方式为单击菜单栏中File >> Save as a case，选择保存路径并设置文件名点击OK即可。

1. 调整计算域（即房间）大小

根据计算模型中的房间尺寸要求，首先在VR Editor控制面板上将Size（大小）中的X方向设为3 m、Y方向设为5 m、Z方向设为2.7 m，如图3-60所示。单击工具栏上的重置视图按钮 R ▾，然后点击弹窗（图3-61）中的Fit to window（适合窗口），此时将视图中的计算域调整到合适的大小。

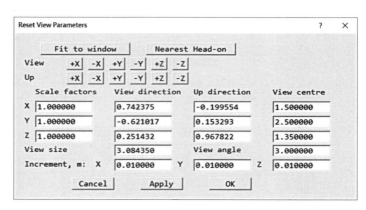

图3-60 调整计算域大小　　　　　图3-61 重置模型视图的对话框

2. 向房间添加对象

将计算域所有边界设为摩擦条件

单击控制面板上的Obj按钮弹出Object Management（对象管理）对话框，然后通过双击DOMAIN显示主菜单。点击Domain faces，弹出如图3-62的边界条件对话框，在该对话框中将全部六个面中的WALL条件由默认的No修改为Yes，表示六个面均为流体不能渗透的摩擦壁面。在默认情况下，所有的壁面边界都是绝热的，此时要使后墙（即Xmin）处的壁面为非绝热条件，则单击Xmin面右侧的Settings（设置），在弹出的Extenal Plate面板中，将Energy Source（热源）设置为Surface Heat Flux（表面热流），并将下面的Value（值）设置为5 W/m²，如图3-63。

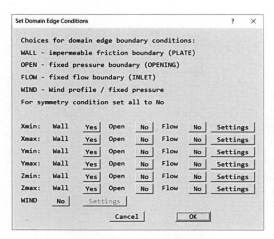

图3-62 边界条件设置对话框

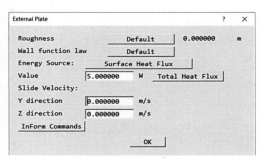

图3-63 表面释放热流的壁面

单击OK关闭External Plate对话框，再次单击OK关闭图3-62所示的边界条件设置对话框，最后单击OK关闭主菜单。

此时，壁面边界将遮盖计算域的内部。若需要隐藏它们，请在Object Management（对象管理）对话框中选择所有六个PLATE对象，右键单击并选择Hide object（s）。

3．向计算房间添加人

单击Object Management（对象管理）对话框中的Object下拉菜单，然后单击New Object（新建对象），从对象类型列表中选择Person（人），如图3-64。

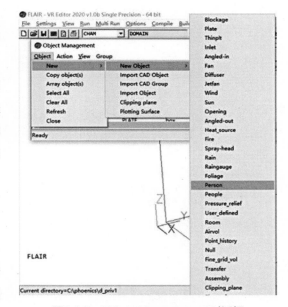

图3-64 Object Management对话框

在Object Specification（对象指定）对话框（图3-65）中将名称改为MAN，单击Attributes（属性）按钮，弹出Person Attributes对话框，如图3-66，选择Posture（姿势）为Standing（站立），设置Body width（身宽）为0.6 m，Body depth（身厚）为0.3 m，Body height（身高）为1.76 m。设置Heat source（热源）为Sensible heat（显热）为80 W。

单击OK返回Object Specification（对象指定）对话框。

单击Place（放置）标签，并将对象的Position（位置）按如下设置：X为1.5 m；Y为2.0 m；Z为0.0 m，如图3-67。单击OK返回Object Management（对象管理）对话框。

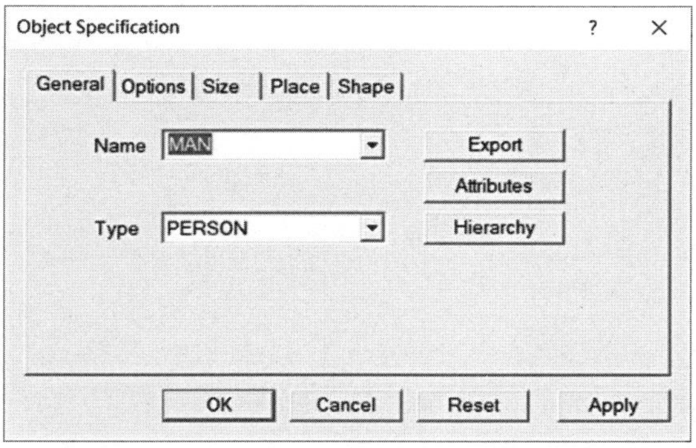

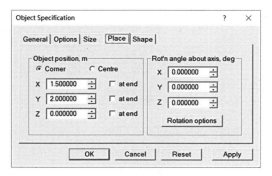

图3-65 Object Specification对话框

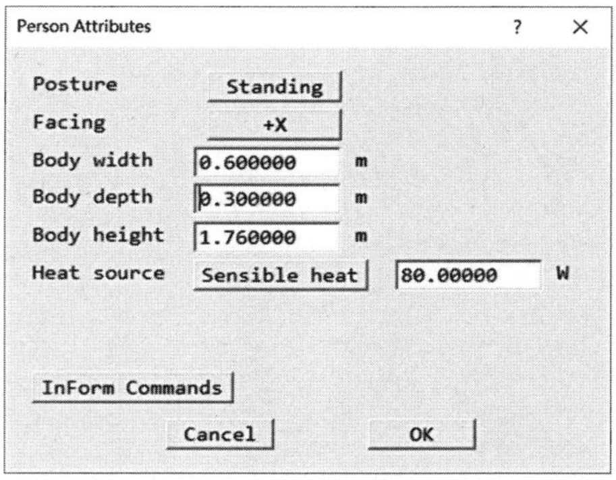

图3-66 人员属性对话框

图3-67 人员放置位置设置

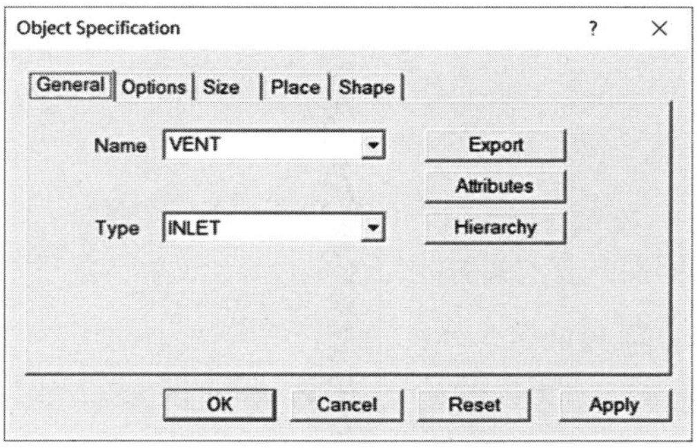

图3-68 Object Specification对话框

4．增加一个风口

单击Object Management（对象管理）对话框中的Object（对象）下拉菜单，然后选择New Object（新建对象）选项后面的INLET（入口），在弹出的窗口中选择通风口所在的Y平面，并将Object Specification（对象指定）对话框中名称更改为VENT，如图3-68。然后单击Size（大小）按钮并将对象的大小设置为：X为0.8 m；Y为0.0 m；Z为0.5 m。单击Place（放置）按钮并将对象的Position（位置）设置为：X处勾选"At end"；Y为0.0 m；Z为0.0 m。

在图3-68中点击General（常规）按钮，然后单击Attributes（属性），在弹出的窗口（如图3-69）中在Method（方法）下选择Vol.Flow Rate（体积流量），然后输入−0.2 m³/s作为体积流量，负号表示将以该流量从

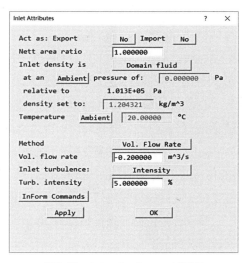

图3-69 Inlet Attributes对话框

室内抽取空气。

单击OK返回Object Specification（对象指定）对话框，再次单击OK。

5．添加一个开口

单击Object Management（对象管理）对话框中的Object（对象）下拉菜单，然后选择New Object（新建对象）选项后面的Opening（开口），在弹出的窗口中选择通风口所在的Y平面，并将Object Specification（对象指定）对话框中名称更改为OPEN。

然后单击Size（大小）按钮并将对象的大小设置为：X为0.8 m；Y为0.0 m；Z为1.0 m。单击Place（放置）按钮并将对象的Position（位置）设置为：X为1.19 m；Y处勾选"At end"；Z为1.5 m。

点击General（常规）按钮，然后单击Attributes（属性），在弹出的窗口（图3-70）中将External temperature（外部温度）保留为Ambient（周围），20℃。

单击OK返回Object Specification（对象指定）对话框，再次单击OK，返回Object Management（对象管理）对话框，并关闭该对话框。此时应出现图3-71所示的画面。

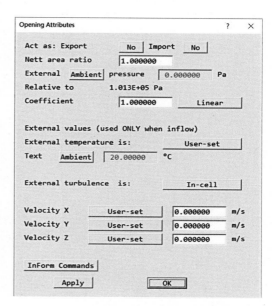

图3-70　Opening Attributes对话框

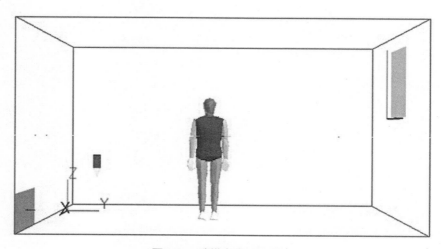

图3-71　建模完成后的画面

3.6.3 划分计算网格

点击工具栏中的网格开关按钮▦▾，此时软件会自动划分计算域内网格，如图3-72。

点击控制面板中Menu按钮进入Domain Settings界面，选择Geometry（几何）选项，弹出Grid Mesh Settings（网格设置）对话框，如图3-73所示，默认情况下网格为自动模式，在X、Y、Z三个方向分别划分网格数为58、46、60。

目前自动划分的网格较为精细，考虑到本案例主要以入门为主，因此希望通过重新划分网格来实现既减少运行时间又保证计算精度的目的。

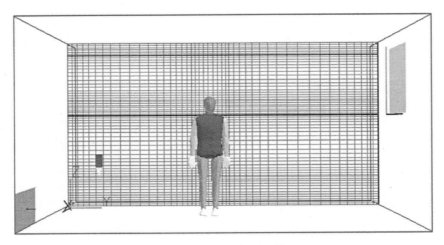

图3-72　自动划分的网格

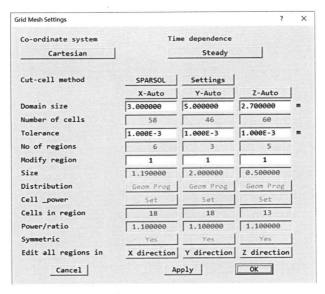

图3-73　Grid Mesh Settings对话框自动网格划分

首先单击Edit all regions in（编辑所有区域）旁边的X direction（X方向），出现如图3-74所示的对话框。将Min cell fraction（最小网格比例）从1%调整为2.5%，这步实际上设置了计算域允许的最小网格比例。单击Apply（应用），X方向的网格数变为24，单击OK返回Grid Mesh Settings（网格设置）对话框。

继续以同样的方式将Y方向和Z方向的最小网格比例设置为2.5%，最终的网格数量应该是：X方向24个单元格；Y方向24个单元格；Z方向26个单元格。

设置完成后，单击OK关闭Grid Mesh Settings（网格设置）对话框。

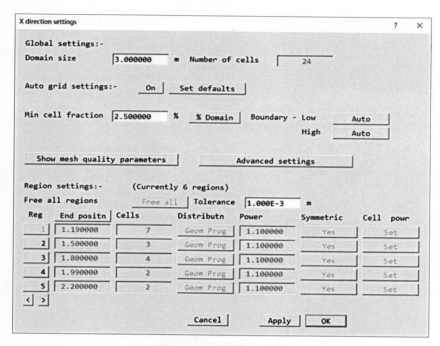

图3-74　X方向网格设置

3.6.4　设置计算模型

在Domain Settings中点击设置模拟项目的标题，单击Title（标题）窗口，输入模拟的名称"My first flow simulation"，如图3-75所示。

点击Models（模型），得到如图3-76所示的模型菜单选项。在模型设置中，Solution for velotities and pressure（压力和速度方程）总是开启的，能量方程默认设置为Temperature（温度）。

在Turbulence models（湍流模型）中单击选项按钮，在弹出的对话框中选择LEVL模型，如图3-77，单击OK，再单击Top Menu。

在本案例中，流体物性参数、初始条件和源项等保持默认值。

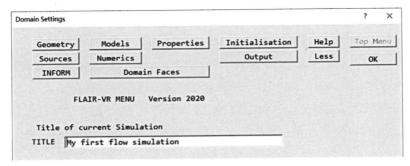

图3-75　模拟项目名称设置

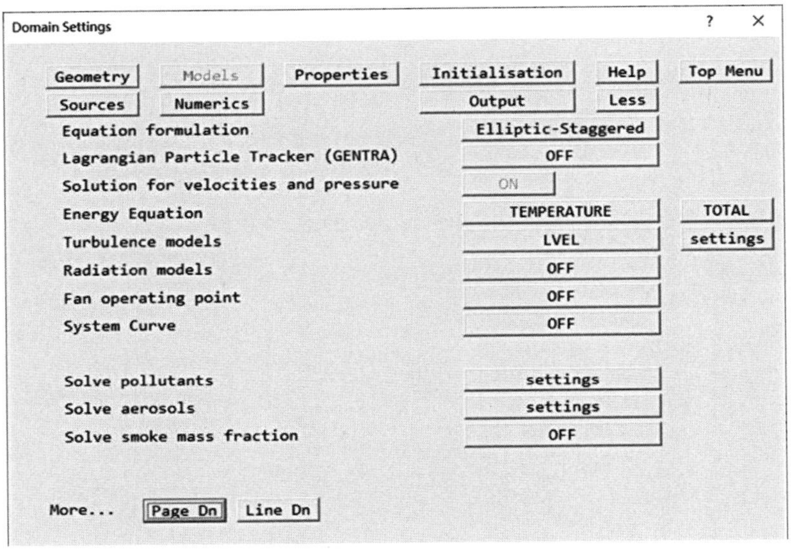

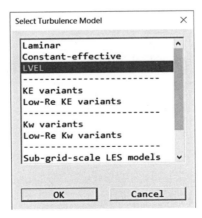

图3-76　Models菜单设置

图3-77　湍流模型选择

3.6.5 计算求解

在Domain Settings中单击Numerics（数值计算）菜单，然后点击Total number of iteration（总迭代次数），将此窗口中的数值设置为500，如图3-78所示。

单击Top Menu返回顶部菜单面板，单击OK退出Domain Settings对话框。

在计算之前，为监控计算过程中某个位置的变量数据，需要在计算域中设置一个监测点。监控点显示为红色铅笔（探针）。在没有选择对象的情况下，可以通过控制面板上的X、Y、Z位置的上下按钮实现监控点交互移动，当然也可以直接在窗口中输入X、Y、Z的坐标值，本例中X设置为2.1 m，Y设置为3.0 m，Z设置为1.2 m，如图3-79所示。

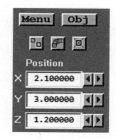

图3-78　Numerics菜单设置　　　　　　图3-79　监控点位置设置

FLAIR使用名为EARTH的 PHOENICS求解器。

要运行EARTH求解器，请单击菜单栏中Run >> Solver，然后单击OK以确认运行EARTH求解器。这些操作应该会导致PHOENICS EARTH屏幕出现。随着EARTH求解器启动，屏幕上应出现两个图形，如图3-80，左图显示了在模型定义期间设置的监测点的压力、速度和温度的变化。右图显示了随着求解过程的进展残差的实时变化。

当接近收敛解时，左图中的变量值应保持不变，右侧窗口中显示的误差值应稳定减少。

在计算过程中的任何时候都可以以下方式停止计算。具体操作为：首先在键盘上按任意一个按键，然后点击Endjob按钮，稍等片刻，求解器将完成当前迭代并输出结果文件。值得注意的是，如果监视器左图中的变量还未达到定值就停止计算，则计算结果将不会收敛，得到的流场参数也可能不可靠。

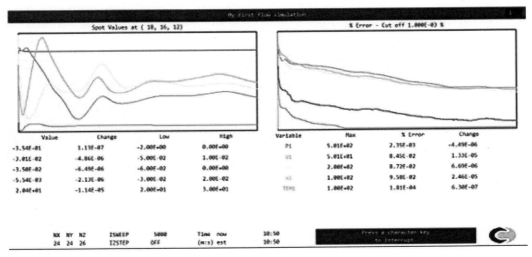

图3-80　EARTH 监控屏幕

3.6.6　计算结果后处理

计算完成后，可以使用FLAIR VR中的VR Viewer后处理器查看流动与传热模拟的结果。具体操作如下：点击菜单栏中Run >> Post Processor >> GUI-Post Processor（VR Viewer），在随后弹出的对话框中点击OK，进入后处理界面，如图3-81所示。

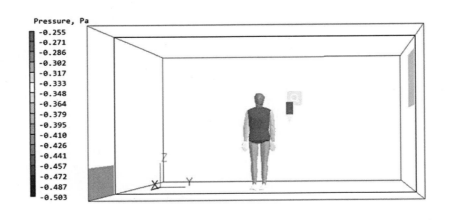

图3-81　VR-Viewer 屏幕界面

在VR-Viewer中，流动与传热模拟的结果以图形方式显示。本示例中将使用VR-Viewer的后处理功能绘制矢量图、云图、流线。下面将介绍如何使用VR-Viewer查看结果。

单击速度按钮 V，然后单击矢量图开关按钮。这将在当前结果平面（X平面）上显示速度矢量，如图3-82。可以使用Settings（设置）菜单中的Vector option（矢量选项）来更改矢量的比例因子。

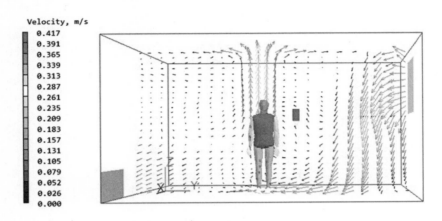

图3-82　X平面速度矢量图

使用监测点X位置左右箭头按钮将沿X轴移动结果平面的位置。

再次单击矢量图开关按钮，关闭矢量显示模式，然后单击温度按钮 T，将当前结果变量设置为温度以查看温度变量。接下来，单击云图开关按钮，然后在当前结果平面上显示温度云图，如图3-83。

图3-83　X方向温度云图

若要显示流线，左键单击流线管理按钮，弹出Streamline options（流线选项）对话框，如图3-84。

单击Around a circle（围绕一个圆），并将圆半径设置为0.5 m，将流线数设置为20。单击Y按钮 Y 将显示平面切换为Y。

将圆心设置为X=1.62 m，Y=4.92 m和Z=1.96 m。

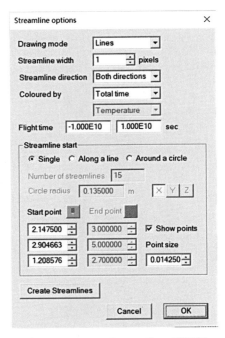

图3-84　Streamline options对话框

通过左键单击Create Streamlines（创建流线）来生成流线图。单击OK关闭对话框，如图3-85。

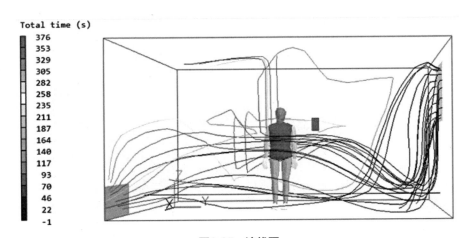

图3-85　流线图

通过单击菜单栏中File >> Save Window as，打开如图3-86的Save Window as file对话框，在该对话框中提供GIF、PNG、BMP和JPG四种文件格式，并允许以比屏幕图像更高（或更低）的分辨率保存图像。另外，通过在文件名中添加".pcx"扩展名，可以将图像保存为PCX格式。

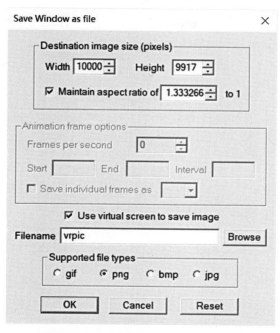

图3-86　Save Window as file对话框

　　图形文件以给定的名称转储在选定的文件夹（目录）中。保存图像的背景颜色可以从 VR-Editor 菜单中的Options（选项）>> Background Colour（背景颜色）中选择确定的。

3.7　本章小结

　　本章从PHOENICS软件的使用流程，操作界面，计算过程中的前处理、求解器和后处理等三部分出发，详细介绍了PHOENICS的功能和操作步骤。同时，以一个简单的入门案例为切入口，介绍了软件的整个操作步骤。本章的学习将为后文PHOENICS软件在建筑热工环境模拟中的应用奠定了扎实的基础。

第4章

建筑传热方式
及过程分析

从传热角度看，建筑的传热方式有导热、对流和辐射三种。本章将以案例的方式分别介绍这三种传热方式的仿真过程和软件操作方法。

4.1 固体导热仿真案例

本节将通过建筑混凝土墙体的内部导热问题，让读者对通过PHOENICS求解固体稳态导热计算的操作过程有一个初步的了解。

4.1.1 问题描述

图4-1给出了本案例的几何模型。该模型涉及一个长为1.0 m、高为1.0 m、厚为0.3 m的混凝土墙体，该混凝土墙体为单一均质材料，其密度为2300 kg/m³，比热为1000 J/（kg·K），热导率为1.63 W/（m·K）。已知该墙体室外侧表面温度为–15℃，室内侧表面温度为20℃，不考虑其余表面的传热。在本案例中，将探索在室内外温差条件下混凝土墙体的稳态导热过程。

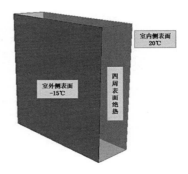

图4-1　混凝土墙体导热

4.1.2 建立几何模型

按照3.6.2所介绍的方式进入PHOENICS-VR Editor主界面。默认情况下，PHOENICS将在上次运行结束时的工作文件夹中启动。在主界面窗口下是状态栏，显示当前工作目录、当前案例名称和使用的网格处理类型。

根据混凝土墙体的尺寸要求，首先在VR Editor控制面板上将Size（大小）中的X方向设为1.0 m、Y方向设为0.3 m、Z方向设为1.0 m。通过鼠标左键旋转、右键缩放和左右键平移来调整视图，将视图中的混凝土墙体模型调整到合适的大小（图4-2）。

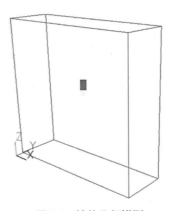

图4-2　墙体几何模型

4.1.3　指定边界条件

单击VR Editor控制面板上的Obj按钮，进入图4-3所示的Object Management（对象管理）对话框，默认情况下，计算域的六个表面均为对称表面。在本案例中需要设置室外表面和室内表面的热边界条件。

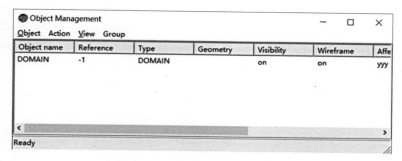

图4-3　Object Management对话框

在Object Management（对象管理）对话框点击Object >> New >> New Object >> Plate，在弹出的窗口中选择Y Plane，点击OK，出现Object Specification（对象指定）对话框（图4-4），在General标签下修改Name为Outdoor。在Size标签下，分别在X和Z位置勾选"To end"选项框，其他保持默认不变。

在General标签下点击右侧的Attributes（属性）按钮，将弹出的External Plate对话框中的Energy Source选项默认的Adiabatic（绝热）修改为Surface Temperature（表面温度），并将下面的Value（数值）设置为–15（图4-5），点击OK确定。再次单击OK退出Object Specification（对象指定）对话框，完成室外边界条件的设置。

再次在Object Management（对象管理）对话框点击Object >> New >> New Object >> Plate，在弹出的窗口中选择Y Plane，点击OK，出现Object Specification（对象指定）对话框，同样，在General标签下修改Name为Indoor。在Size标签下，分别在X和

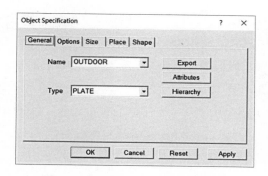

图4-4　Object Specification对话框

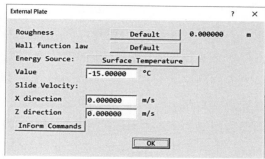

图4-5　External Plate对话框

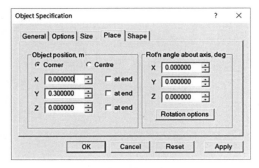

图4-6　Object Specification对话框　　　　　图4-7　External Plate对话框

Z位置勾选"To end"选项框。在Place标签下，将Y值设为0.3 m（图4-6）。

在General标签下点击右侧的Attributes（属性）按钮，将弹出的External Plate对话框中的Energy Source选项默认的Adiabatic（绝热）修改为Surface Temperature（表面温度），并将下面的Value（数值）设置为20（图4-7），点击OK确定。再次单击OK退出Object Specification（对象指定）对话框，完成室内边界条件的设置。

此时，室内表面和室外表面均为红色。为区分两个表面，可将室外表面设置为蓝色。具体操作为：在图形界面鼠标双击室外表面，在弹出的Object Specification（对象指定）对话框中选择Options标签，点击下方的颜色块，修改为蓝色（图4-8）。此时点击OK，可以看到主界面显示的外表面颜色已经变为蓝色了。

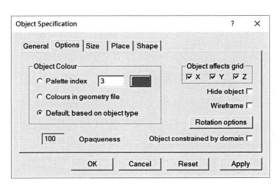

图4-8　室外表面颜色修改

4.1.4　划分计算网格

点击VR Editor中的Menu按钮，在弹出的Domain Settings对话框中选择Geometry按钮，出现Grid Mesh Settings（网格设置）对话框，默认情况下网格为自动模式，在X、Y、Z三个方向分别划分网格数为1、27、1。现根据计算要求，需要将X、Y、Z三个方向的网格数分别设置为50、30、50。采用直接均匀加密的方式，具体操作如下：首先点击X-Auto将自动模式切换为X-Manual（手动模式），然后在Cells in region中将数值修改为50，点击Apply。按照同样的方法，设置Y方向和Z方向的网格数分别为30和50，设置完成后如图4-9所示。单击OK退出网格设置。

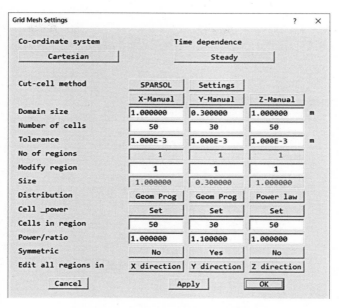

图4-9 Grid Mesh Settings网格设置

4.1.5 设置物理模型

在Domain Settings中点击Models按钮,在弹出的选项中Energy Equation(能量方程)默认开启(图4-10),其他保持默认。

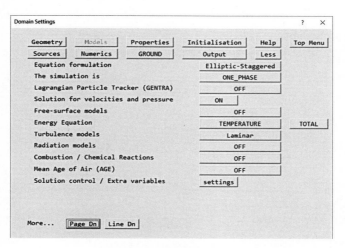

图4-10 Models设置

4.1.6 设置材料

在Domain Settings中点击Properties按钮,在弹出的选项中,将The current domain material is(当前计算域材料)设置为"120 Concrete block(heavyweight)"(图4-11),

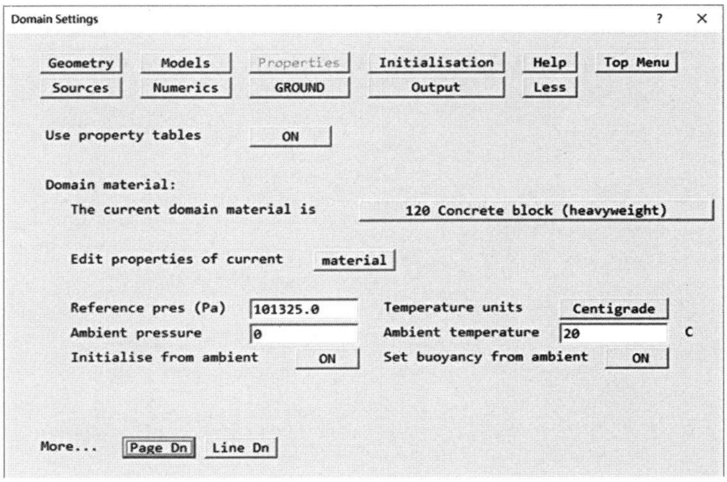

图4-11 Properties设置

参考压力和温度值保持不变。

4.1.7 计算求解

在Domain Settings中单击Numerics（数值计算）选项，然后点击Total number of iteration（总迭代次数），将此窗口中的数值设置为500，如图4-12所示。

单击Top Menu返回顶部菜单面板，在Title中输入"Conduction"作为项目名称，单击OK退出Domain Settings对话框。

在计算之前，为监控仿真过程中计算域中心位置的变量数据，将VR Editor控制面板中Position处的X、Y、Z位置分别输入0.5、0.15和0.5。

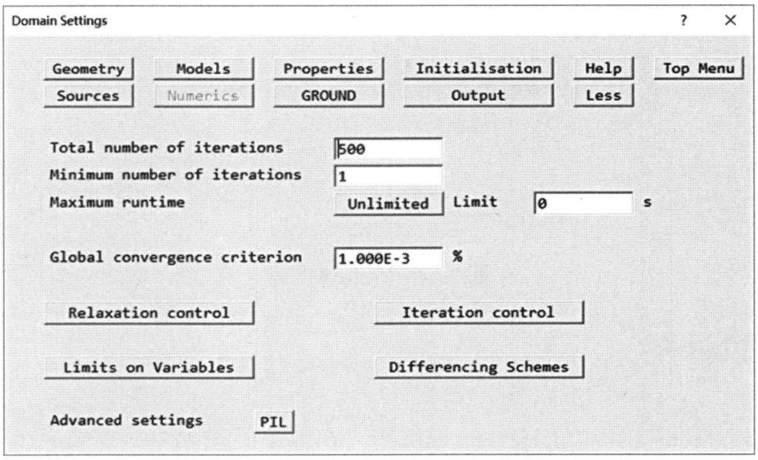

图4-12 Numerics设置

计算参数设置完成后，点击菜单栏中Run >> Solver，然后单击OK以确认运行EARTH求解器。这些操作应该会导致 PHOENICS EARTH 屏幕出现。左图为监测点的温度变化，右图为计算残差变化情况。当接近收敛解时，左图中的变量值应保持不变，右侧窗口中显示的误差值应满足收敛要求。

4.1.8　结果后处理

计算完成后，可以使用VR Viewer后处理器查看导热模拟的结果。具体操作如下：点击菜单栏中Run >> Post Processor >> GUI-Post Processor（VR Viewer），在随后弹出的对话框中点击OK，进入后处理界面。为显示混凝土墙体从室内到室外的传热过程，选取探针所在的中心位置截取X平面切片，以查看温度云图。具体操作如下：首先，点击VR Viewer面板上的Obj，在弹出的对话框中，单击Domain，右键选择Hide Domain隐藏计算域，按住键盘上Ctrl，依次单击Outdoor和Indoor，右键选择Hide Object（s）隐藏室外表面和室内表面。关闭Object Management（对象管理）对话框，此时显示界面只剩下切片所在平面。

单击云图开关按钮，然后在当前结果平面上显示温度云图，通过视图调整，可使混凝土墙体内部温度显示如图4-13。

当然，如果对默认显示颜色条和云图效果不满意，也可以通过点击VR Viewer上的C按钮进行调整，出现如图4-14显示的Viewer Options对话框。在此对话框将

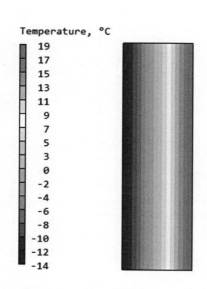

图4-13　混凝土墙体内部温度云图

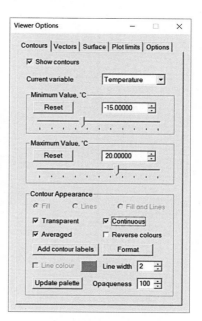

图4-14　Viewer Options对话框

Minimum Value数值设为–15，将Maximum Value数值设为20，并勾选Continuous前面的复选框。设置完成后关闭该对话框，此时，温度云图变为图4-15的显示效果。

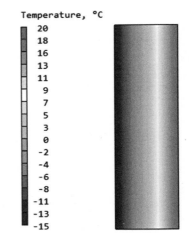

图4-15　调整后的混凝土墙体内部温度云图

4.2　自然对流仿真案例

本节将通过空腔自然对流传热问题，让读者掌握PHOENICS求解自然对流问题的操作过程。

4.2.1　问题描述

图4-16为本案例的几何模型。该模型是一个长为1.0 m、高为1.0 m、厚为0.2 m的空腔，在空腔底部位置放置一个温度为60℃的凸形发热单元，空腔左右两侧表面温度为20℃，上下表面为绝热条件。

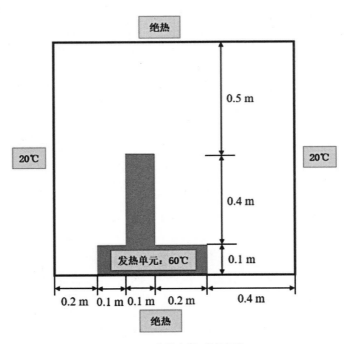

图4-16　空腔自然对流案例

4.2.2 建立几何模型

按照3.6.2所介绍的方式进入FLAIR VR Editor主界面。根据空腔大小，首先在VR Editor控制面板上将Size（大小）中的X方向设为1.0 m、Y方向设为0.2 m、Z方向设为1.0 m。

首先，导入外部凸形发热单元，具体操作如下：点击VR Editor控制面板上点击Obj，弹出Object Management对话框，在该对话框的菜单栏点击Object >> New >> New Objecr >> Blockage，弹出如图4-17的Object Specification（对象指定）对话框，在该对话框中设置Name为Block。

在Object Specification（对象指定）对话框中选择Shape标签，单击CAD File，弹出打开文件对话框，找到已经建立好的凸形发热单元模型文件（本案例采用AutCAD建模，因模型较为简单，此处不再专门介绍建模方法），点击打开。此时，弹出Import STL Data对话框，单击OK。随后弹出Geometry Import对话框，在该对话框中将Take size from geometry file设置为YES，将Geometry scaling factor设置为0.001，然后点击Apply（图4-18）。设置完成后点击OK，关闭该对话框。再次单击OK，将凸形发热单元导入到计算域中。

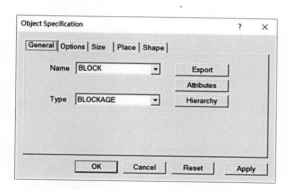

图4-17 Object Specification对话框

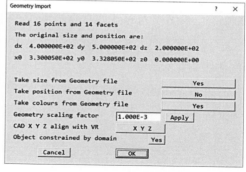

图4-18 Geometry Import对话框

从图形界面可以看到，导入的凸形发热单元并不在实际的位置，为将该物体移动到真实位置，首先单击选中导入的凸形发热单元，将VR Editor控制面板中的Position中的X坐标设置为0.2，图形界面如图4-19，此时空腔自然对流计算模型已经建立完成。

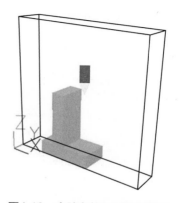

图4-19 空腔自然对流几何模型

4.2.3 指定边界条件

单击VR Editor控制面板上的Obj按钮，进入Object Management（对象管理）对话框，默认情况下，计算域的六个表面均为绝热对称表面。在本案例中需要设置左右两侧表面为温度边界，凸形发热单元为温度条件。

在Object Management（对象管理）对话框点击Object >> New >> New Object >> Plate，在弹出的窗口中选择X Plane，点击OK，出现Object Specification（对象指定）对话框（图4-20），在General标签下修改Name为Left。在Size标签下，分别在Y和Z位置勾选"To end"选项框，其他保持默认不变。

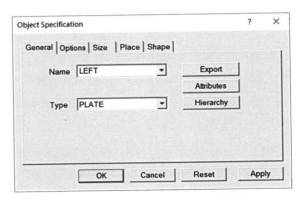

图4-20　Object Specification对话框

在General标签下点击右侧的Attributes（属性）按钮，将弹出的External Plate对话框中的Energy Source选项默认的Adiabatic修改为Surface Temperature，并将下面的Value（数值）设置为20，点击OK确定。再次单击OK退出Object Specification（对象指定）对话框，完成左边定温边界条件的设置。

再次在Object Management（对象管理）对话框点击Object >> New >> New Object >> Plate，在弹出的窗口中选择X Plane，点击OK，出现Object Specification（对象指定）对话框，同样，在General标签下修改Name为Right。在Size标签下，分别在Y和Z位置勾选"To end"选项框。在Place标签下，将X值设为1.0 m。按照前述左侧表面温度设定的方法，在General标签下点击Attributes（属性）按钮，将弹出的External Plate对话框中的Energy Source选项默认的Adiabatic（绝热）修改为Surface Temperature（表面温度），并将下面的Value（数值）设置为20，点击OK确定。再次单击OK退出Object Specification（对象指定）对话框，完成右侧定温边界条件的设置。

在Object Management对话框中，双击BLOCK对象这一行，弹出Object Specification对话框。点击Attributes（属性）按钮，将弹出的Blockage Attributes对话框中的Energy Source选项默认的Adiabatic（绝热）修改为Surface Temperature（表面温度），并将下面的Value（数值）设置为60，点击OK确定。再次单击OK退出Object Specification（对象指定）对话框，完成凸形发热单元定温条件的设置。

4.2.4　划分计算网格

点击工具栏中的网格开关按钮🔲，此时软件会自动划分计算域内网格（图4-21）。

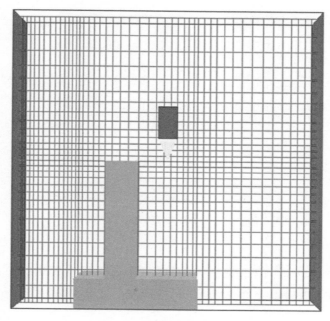

图4-21　软件自动网格划分

点击VR Editor中的Menu按钮，在弹出的Domain Settings对话框中选择Geometry按钮，出现Grid Mesh Settings（网格设置）对话框，默认情况下网格为自动模式，在X、Y、Z三个方向分别划分网格数为47、1、28。现根据计算要求，需要将X、Y、Z三个方向的网格数分别设置为100、20、80。

采用渐变网格的方式调整并加密网格，具体操作如下：首先点击X-Auto将自动模式切换为X-Manual（手动模式），然后在Eidt all regions in中点击X direction弹出X direction settings对话框，在该对话框中单击Free all，将Number of cells数值修改为100，在下方的Cells列中将三个分区的网格数分别设置为20、50和30，在Power列将三个分区分别设置为–1.05、1.00和1.10（图4-22），设置完成后点击OK。

对于Y方向网格的设置采用直接加密的方法。具体如下：点击Y-Auto将自动模式切换为Y-Manual（手动模式），然后在Number of cells中将数值改为20，然后点击Apply即可。

对于Z方向，采用渐变网格的方式调整并加密网格，具体操作如下：首先点击Z-Auto将自动模式切换为Z-Manual（手动模式），然后在Eidt all regions in中点击Z

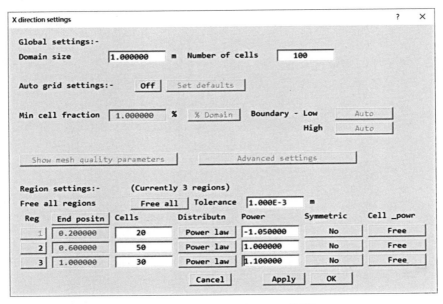

图4-22　X direction settings对话框

direction弹出Z direction settings对话框，在该对话框单击Free all，将Number of cells数值修改为80，在下方的Cells列中将两个分区的网格数分别设置为50和30，在Power列将两个分区分别设置为1.00和1.10（图4-23），设置完成后点击OK。再次单击OK退出网格设置。此时，划分的最终网格如图4-24。

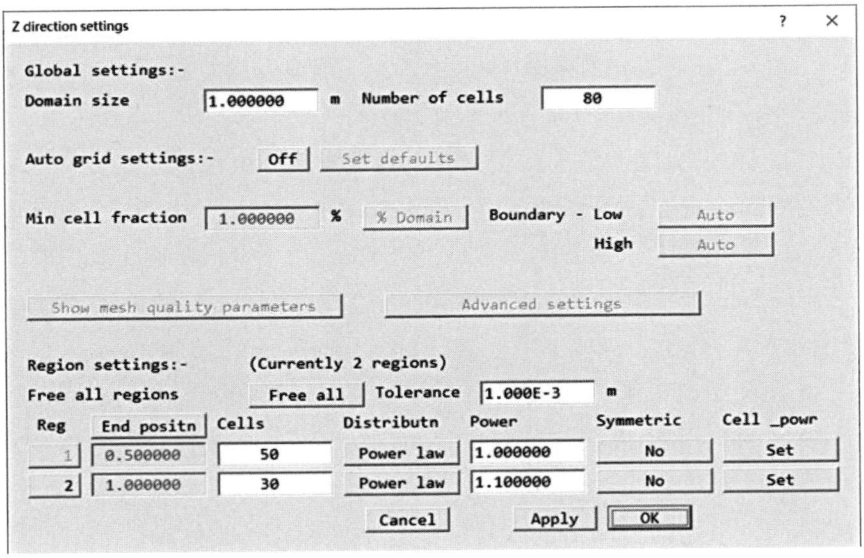

图4-23　Z direction settings对话框

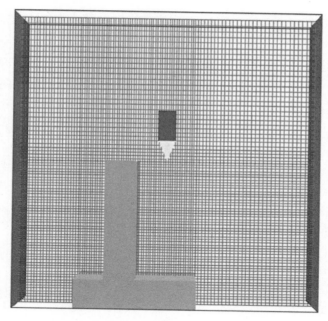

图4-24　网格划分结果

4.2.5　设置物理模型

在Domain Settings对话框中点击Models按钮，在弹出的选项中Energy Equation（能量方程）默认开启，将Turbulence Models设置为Chen-kim KE（图4-25），其他保持默认。

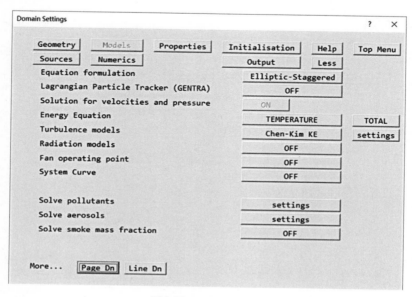

图4-25　Models设置

4.2.6 设置材料

在Domain Settings中点击Properties按钮，在弹出的选项中，将The current domain material is（当前计算域材料）设置为"0 Air at 20 deg C，1 atm，treated…"（图4-26），参考压力和温度值保持不变。

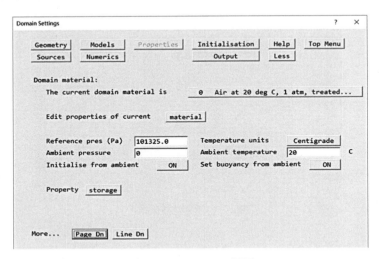

图4-26 Properties设置

4.2.7 设置源项

点击Sources（源项），将Gravitational forces（重力）设置为ON，Buoyancy model is处设置为BOUSSINESQ（图4-27），确保重力加速度的方向为沿着Z轴负方向，即Z处的数值为-9.81。

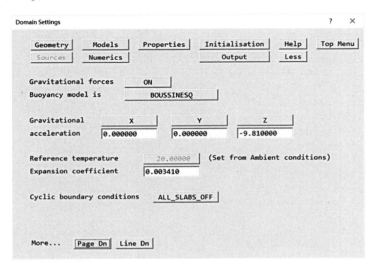

图4-27 Sources设置

4.2.8　求解计算

在Domain Settings中单击Numerics（数值计算）按钮，然后点击Total number of iteration（总迭代次数），将此窗口中的数值设置为1000。单击Top Menu返回顶部菜单面板，在Title中输入"Convection"作为项目名称，单击OK退出Domain Settings对话框。

在计算之前，为监控仿真过程中计算域中心位置的变量数据，在VR Editor控制面板中的Position中的X、Y、Z位置分别输入0.5、0.1和0.5。

设置完成后点击保存按钮，选择文件保存路径，设置文件名称，点击保存。

点击菜单栏中Run >> Solver，然后单击OK以确认运行EARTH求解器。这些操作应该会导致 PHOENICS EARTH 屏幕出现。

4.2.9　结果后处理

当计算完成后，可以使用VR Viewer后处理器查看空腔内自然对流的模拟结果。具体操作如下：点击菜单栏中Run >> Post Processor >> GUI-Post Processor（VR Viewer），在随后弹出的对话框中点击OK，进入后处理界面。

为显示空腔内空气流动与传热过程，选取探针所在的中心位置截取Y平面切片，以查看温度云图、速度云图、速度矢量图和压力云图。

查看温度云图。具体操作如下：依次点击VR Viewer面板上的云图开关按钮，Y平面和温度按钮，通过视图调整，出现如图4-28所示的空腔自然对流温度云图。

查看速度云图。具体操作如下：关闭温度按钮，打开速度按钮，为使图像显示等值线，点击控制面板上的C按

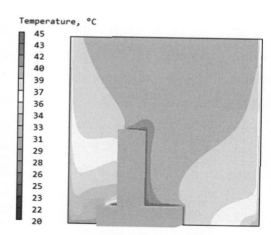

图4-28　空腔自然对流Y平面温度云图

钮，在弹出的Viewer Options对话框中修改Minimum Value 为0.0，修改Maximum Value值为2.0，将Fill选项切换为Fill and Lines，并设置Line Width（线宽）为1，设置完成后关闭该选项框，出现如图4-29空腔自然对流速度云图。

查看速度矢量图。具体操作如下：关闭云图开关按钮，打开矢量图开关按钮，点击控制面板上的C按钮，在弹出的Viewer Options对话框中选择Vectors标签，在

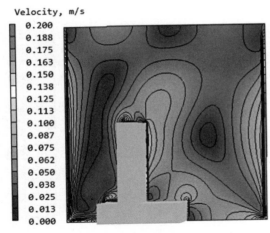

图4-29　空腔自然对流Y平面速度云图

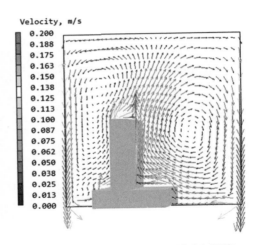

图4-30　空腔自然对流Y平面速度矢量图

Scale Factor中设置值为0.05，在Vector cell interval中将I值设为3，K值设为3，设置完成后关闭该选项框，出现如图4-30空腔自然对流速度矢量图。

查看压力云图。具体操作如下：关闭矢量图开关按钮，打开云图开关按钮温度，点击控制面板上的压力按钮切换到压力显示，单击C按钮，在弹出的Viewer Options对话框中修改Minimum Value 为1.2，修改Maximum Value值为2.0，选中Continuous复选框，点击Add contour labels（添加云图标签）按钮，在弹出的Contour Labelling对话框中选择Manual label settings，然后选择Click to Delete，此时点选主界面显示窗口删除多余的标签，出现如图4-31空腔自然对流压力云图。

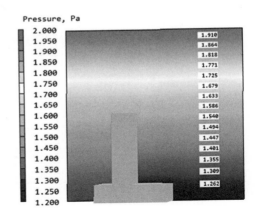

图4-31　空腔自然对流Y平面压力云图

4.3　热辐射仿真案例

本节将通过一个带室内散热器的房间传热问题，让读者掌握PHOENICS求解辐射问题的操作过程。

4.3.1 问题描述

图4-32为本案例的几何模型。这个案例模拟了一个三维的房间，由两扇关闭的窗户和一扇门组成。每个窗户下方的散热器产生500 W的热流，墙壁为20℃恒温，采用IMMERSOL辐射模型。采用复制方式创建第二个窗口和散热器。散热器的材料是从属性数据库中选择的。

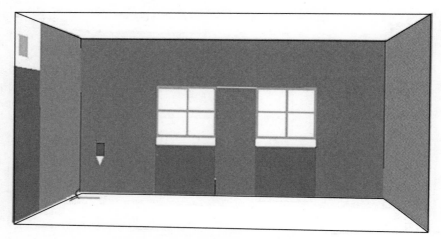

图4-32　热辐射仿真案例

4.3.2 建立几何模型

根据3.6.2节的方法启动FLAIR-VR Editor主界面，在控制面板上修改尺寸：X方向为3 m，Y方向为5 m，Z方向为2.7 m。或者用户可以点击Menu（主菜单），然后调出Geometry（几何）面板来改变房间的大小。

点击移动面板上的Reset（重置）按钮，然后依次点击Fit to window（适合窗口）和OK。

4.3.3 指定边界条件

1．增加一个门

在Object Management（对象管理）对话框中点击Object >> New >> New Object >> Plate并选择Y Plane，弹出Object Specification（对象指定）对话框。更改名称为DOOR。

点击Size（大小）标签，将对象的Size（大小）设置为：X为1.0 m，Y为0.0 m，Z为2.0 m。

点击Place（放置）标签，将对象的Position（位置）设置为：X为在"At end"打勾，Y为0.0 m，Z为0.0m。

点击General（常规）标签，打开Attributes（属性），保持默认设置Adiabatic（绝热）。

点击OK返回Object Specification（对象指定）对话框。再次点击OK，出现如图4-33所示的模型。

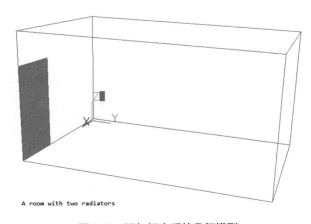

A room with two radiators

图4-33　添加门之后的几何模型

2．添加第一个窗口

在Object Management（对象管理）对话框中，点击Object（对象）菜单，选择New >> New Object >> Plate（板），并选择X Plane，弹出Object Specification（对象指定）对话框。更改名称为WIND1。

点击Size（大小）标签，将对象的Size（大小）设置为：X为0.00 m，Y为0.98 m，Z为0.87 m。

点击Place（放置）标签，将对象的Position（位置）设置为：X为0.0 m，Y为1.28 m，Z为1.0 m。

点击General（常规）标签，点击Attributes（属性），然后将Energy source（能源）设置为Surface Temperature（表面温度），设置Value（值）为15℃。

点击OK返回Object Specification（对象指定）对话框。再次点击OK退出Object Specification（对象指定）对话框，如图4-34。

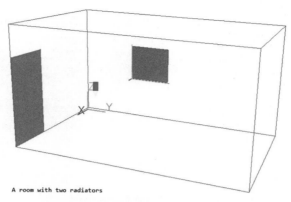

A room with two radiators

图4-34　添加第一个窗户以后的几何模型

3．通过复制第一个窗口来添加第二个窗口

在Object Management（对象管理）对话框中单击WIND1对象，突出显示它。在工具栏中点击Duplicate Object（复制对象）按钮▫。然后点击OK确认复制。注意，新复制的对象将和原来的对象在同一个位置。双击新复制的对象，弹出Object Specification（对象指定）对话框。将名称更改为WIND2。

点击Place（放置）标签，将对象的Position（位置）设置为：X为0.0 m，Y为2.92 m，Z为1.0 m。点击OK。

4．添加第一个散热器

在Object Management（对象管理）对话框中依次点击Object >> New >> New Object >> Blockage（体块），弹出Object Specification（对象指定）对话框。将名称更改为RADIAT1。

点击Size（大小）标签，将对象的Size（大小）设置为：X为0.1 m，Y为0.98 m，Z为0.87 m。

点击Place（放置）标签，将对象的Position（位置）设置为：X为0.0 m，Y为1.28 m，Z为0.0 m。

单击General（常规）标签，然后单击Attributes（属性），这将弹出如图4-35对话框。在该对话框中，点击Types（类型）后的Other material（其他材料），然后选择Solids（固体），将出现图4-36固体列表。选中"111 STEEL at 27 deg C"，点击OK。

点击Energy source（能量源），选择Fixed heat flux（固定热通量），并选择Total heat flux（总热通量），设置Value（值）为500W（图4-37）。点击OK返回Object Specification（对象指定）对话框。再次点击OK。

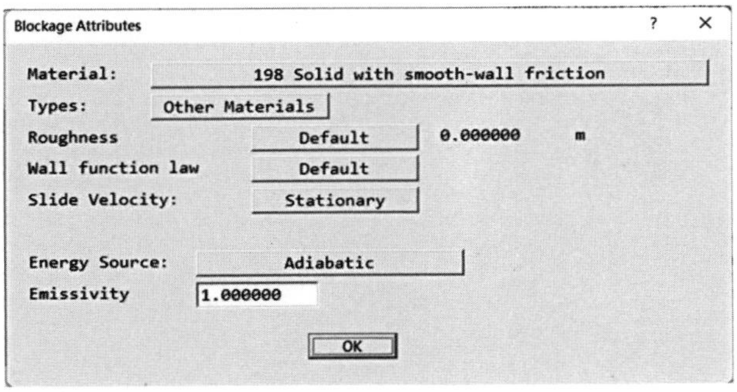

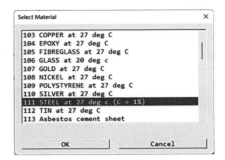

图4-35　Blockage Attributes对话框　　　　　　图4-36　Select Material对话框

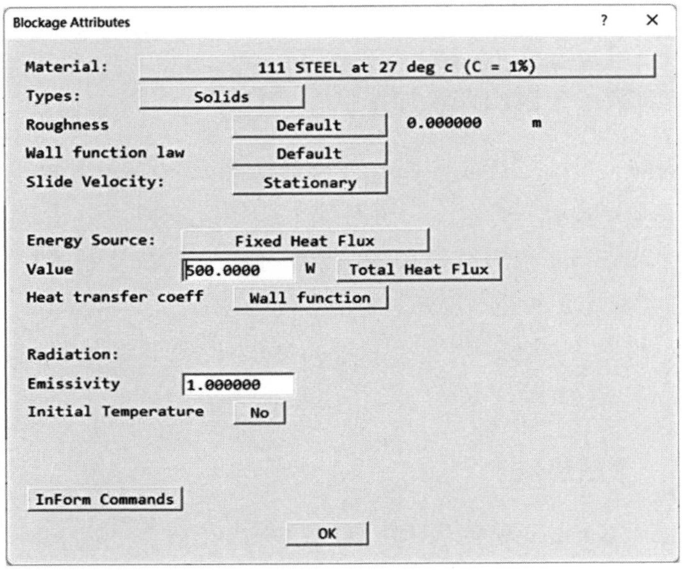

图4-37　Blockage Attributes设置完成后结果

5．通过复制第一个散热器来添加第二个散热器

在Object Management（对象管理）对话框中，选中并突出显示RADIAT1对象。点击Duplicate Object（复制对象）按钮🔳，然后点击OK确认复制。请注意复制的对象与原始对象在同一位置。双击新复制的对象，弹出Object Specification（对象指定）对话框，将名称更改为RADIAT2。

点击Place（放置）标签，将对象的Position（位置）设置为：X为0.0 m，Y为2.92 m，Z为0.0 m。单击OK返回Object Management（对象管理）对话框，界面如图4-38。

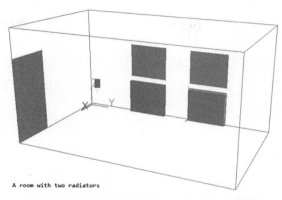

A room with two radiators

图4-38　复制完成第二个散热器后的几何模型

6．添加一个风口

在Object Management（对象管理）对话框中点击菜单栏中Object >> New >> New Object >> Opening（开口），在弹出的窗口中选择Y平面，弹出Object Specification（对象指定）对话框，更改名称为VENT。

点击Size（大小）标签，将对象的Size（大小）设置为：X为0.3 m，Y为0.0 m，Z为0.27 m。

点击Place（放置）标签，将对象的Position（位置）设置为：X为2.48 m，Y为0.0 m，Z为2.15 m。

点击General（常规）标签，选择Attributes（属性）来检查所使用的默认设置。

单击OK关闭Object Specification（对象指定）对话框。

7．在X=3 m处添加墙

所述PLATE类型壁面对象用于设置壁面摩擦和表面温度。在Object Management（对象管理）对话框中，点击菜单栏中Object >> New >> New Object >> Plate（板），在弹出的窗口中选择X plane，弹出Object Specification（对象指定）对话框，更改名称为WALL1。

点击Size（大小）标签，将对象的Size（大小）设置为：X为0.0 m，Y为在"To end"打勾，Z为在"To end"打勾。

点击Place（放置）标签，将对象的Position（位置）设置为：X为在"To end"打勾，Y为0.0 m，Z为0.0 m。

点击General（常规）标签，单击Attributes（属性）按钮，将Energy source（能源）设置为Surface temperature（表面温度），并将下方的Value（值）设为20℃。

单击OK关闭Attributes（属性）面板，单击OK关闭Object Specification对话框。

8．在Y=5 m处添加墙

在Object Management（对象管理）对话框中单击菜单栏中的Object >> New >> New Object >> Plate（板），随后选择Y Plane，弹出Object Specification（对象指定）对话框，将名称更改为WALL2。

点击Size（大小）标签，将对象的Size（大小）设置为：X为在"To end"打勾，Y为0.0 m，Z为在"To end"打勾。

点击Place（放置）标签按钮，将对象的Position（位置）设置为：X为0.0 m，Y为在"To end"打勾，Z为0.0 m。

点击General（常规）标签，选择Attributes（属性）按钮，将Energy source（能源）设置为Surface Temperature（表面温度），其值设为20℃。

单击OK关闭Attributes（属性）面板，单击OK关闭Object Specification（对象指定）对话框。

9．在Y=0处添加墙

在Object Management（对象管理）对话框中，单击Object >> New >> New Object >> Plate（板），并选择Y Plane，弹出Object Specification（对象指定）对话框，更改名称为WALLE。

点击Size（大小）标签，将对象的Size（大小）设置为：X为2.0 m，Y为0.0 m，Z为在"To end"打勾；

点击Place（放置）标签，将对象的Position（位置）设置为：X为0.0 m，Y为0.0 m，Z为0.0 m。

点击General（常规）标签，选择Attributes（属性）按钮，将Energy source（能源）设置为Surface temperature（表面温度），其值设为20℃

单击OK关闭Attributes（属性）面板，单击OK关闭Object Specification对话框。

10．在X=0处添加绝热壁面

在Object Management（对象管理）对话框中，点击Object >> New >> New Object >> Plate（板），选择X Plane，弹出Object Specification（对象指定）对话框，更改名称为WALLA。

点击Size（大小）标签，将对象的Size（大小）设置为：X为0.0 m，Y为1.28 m，Z为在"To end"打勾。

点击Place（放置）标签，将对象的Position（位置）设置为：X为0.0 m，Y为0.0 m，Z为0.0 m。

单击OK关闭Object specification对话框。

11．添加其他绝热壁面

使用鼠标左键选择WALLA，点击Duplicate object（复制对象）按钮🔲，然后点击OK确认复制。双击新对象，弹出Object specification（对象指定）对话框，将名称更改为WALLB。

点击Size（大小）标签，将对象的Size（大小）设置为：X为0.0 m，Y为在"To end"打勾，Z为在"To end"打勾。

点击Place（放置）标签，将对象的Position（位置）设置为：X为0.0 m，Y为3.9 m，Z为0.0 m。

重复上述"复制"过程来创建下面的WALLC和WALLD。

WALLC的尺寸和位置为：（1）尺寸设置：X为0.00 m，Y为0.66 m，Z为1.87 m；（2）位置设置：X为0.00 m，Y为2.26 m，Z为0.00 m。

WALLD的尺寸和位置为：（1）尺寸设置：X为0.00 m，Y为2.62 m，Z为0.83 m；（2）位置设置：X为0.00 m，Y为1.28 m，Z为在"To end"打勾。

4.3.4 划分计算网格

点击VR Editor面板上的网格开关按钮🔲，可以查看屏幕上的网格分布情况，如图4-39所示，这是自动网格创建的默认网格。该网格过于精细，实际上作为教程而言，需要减少网格数量来加快计算收敛。

右键单击网格，移动Minimum cell fraction（最小单元格分数）滑块，当X、Y和

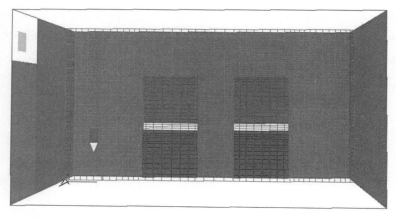

A room with two radiators

图4-39　自动划分的网格

Z的Minimum cell fraction（最小单元格分数）为3%时，X、Y和Z方向分别有22、21和30个单元格，更少的网格将帮助教程运行得更快，最终的网格如图4-40所示。

再次单击网格开关按钮 以关闭网格显示。

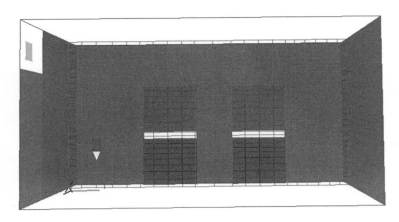

A room with two radiators

图4-40　优化后的计算网格

4.3.5　设置物理模型

点击VR Editor面板上的Menu按钮，在Title（标题）对话框中输入"A room with two radiators"。

点击Models（模型）按钮，在该选项中，压力、速度和温度都将被求解。

点击Turbulence models（湍流模型）后面的选项，从弹出的湍流模型列表中选择LVEL。

点击Radiation models（辐射模型）后面的选项，选择IMMERSOL辐射模型。点击 IMMERSOL旁边的Settings按钮，将辐射热流QRX、QRY、QRZ的存储设置为On。它们可以用来表示辐射传热。

点击Top menu回到顶部菜单面板，然后点击OK关闭该对话框。

4.3.6　设置材料

在Domain Settings中点击Properties按钮，在弹出的选项中，将The current domain material is（当前计算域材料）设置为"0 Air at 20 deg C，1 atm，treated…"，参考压力和温度值保持不变。

4.3.7　求解计算

在Domain Settings中单击Numerics（数值计算）菜单，然后点击Total number of iteration（总迭代次数），将此窗口中的数值设置为1000。

点击Top menu顶部菜单回到主菜单面板，点击OK关闭主菜单。

接下来，应该在流域中设置一个监测点，这样可以在计算求解运行时探测或监视变量。监视点显示为红色铅笔（探针）。只要当前没有对象被选中，它就可以通过X、Y、Z位置向上和向下按钮进行交互移动。例如，设X位置=0.5 m，Y位置=0.45 m，Z位置=0.54 m。

点击菜单栏中Run >> Solver，然后单击OK以确认运行EARTH求解器。这些操作应该会导致 PHOENICS EARTH 屏幕出现。左图为监测点（红铅笔位置）的即时数据，右边为残差曲线。计算完成后页面会自动关闭。

4.3.8　结果后处理

当计算完成后，点击菜单栏中Run >> Post Processor >> GUI-Post Processor（VR Viewer），在随后弹出的对话框中点击OK，进入后处理界面。

点击速度按钮Ⅴ，然后点击矢量图开关按钮。此时可以看到速度矢量显示在X平面上。移动X位置到0.05 m，点击菜单栏Settings（设置）>> Vector option（矢量选项），将比例因子更改为0.02，出现如图4-41所示。

点击矢量图开关按钮，关闭速度矢量。

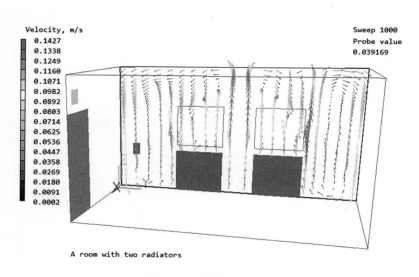

图4-41　X平面速度矢量图

将监测点移动到房间中间，即坐标X=1.1 m，Y=2.6 m，Z=1.2 m。

点击温度按钮 [T]，选择等值面开关按钮 [⊠]，然后右键单击等值面开关按钮，将Surface value（表面值）设置为21℃，出现图4-42显示的21℃等值面轮廓。

点击等值面开关按钮 [⊠] 关闭等值面轮廓显示。

单击变量C按钮 [C]，并在Viewer Options对话框中选择Velocity，移动探头到X位置=0.17 m，点击云图开关按钮 [∅] 来显示图4-43所示的QRX 云图。

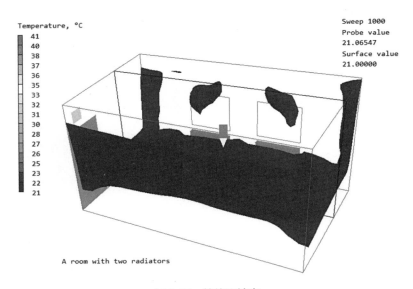

图4-42　等值面轮廓

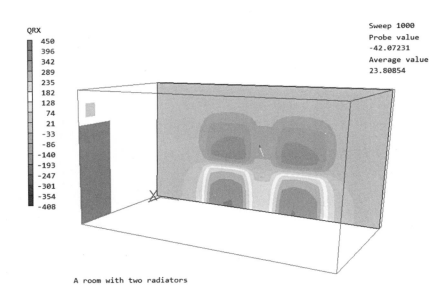

图4-43　QRX云图

要显示辐射热流的矢量，右键单击矢量图开关按钮，在Viewer Options（显示选项）对话框中将矢量组件设置为QRX、QRY和QRZ，如图4-44所示。

点击Apply（应用），然后勾选Show vectors（显示矢量）。点击Contours（云图）标签，选择Vector mag（矢量大小）作为Current variable（当前变量），勾选Show contours（显示云图），如图4-45所示。

案例后处理完成后，可以通过File >> Save working files将其作为一个新的Q1文件保存到磁盘。Q1和相关的输出文件可以通过File >> Save as a case永久地保存。

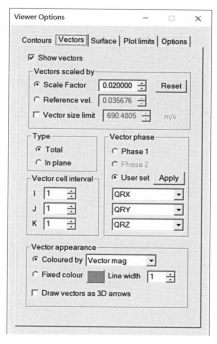

图4-44　Viewer Options对话框

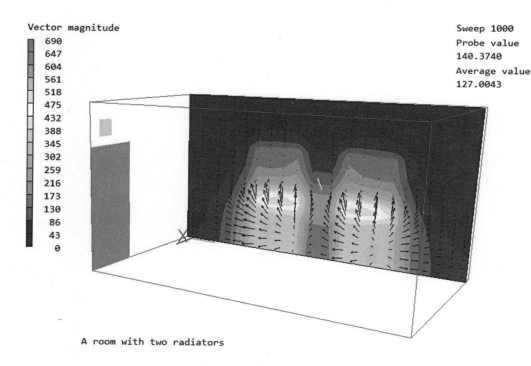

图4-45　速度大小矢量图和云图

4.4　本章小结

　　本章以案例的方式分别介绍了导热、对流和辐射三种传热方式的仿真过程和软件设置方法。通过本章的学习，读者可以掌握在PHOENICS中分析建筑传热过程的操作过程和相关设置。

第5章

建筑室外空气流动
与传热分析

在自然风的作用下，受建筑或建筑群的阻挡，室外风会呈现复杂的流动与传热规律，本章将介绍在自然风作用下建筑室外空气流动与传热的模拟过程和方法。

5.1 室外空气流动仿真案例

本节将通过某住宅小区的室外空气流动问题，让读者掌握通过PHOENICS求解建筑外通风环境的操作过程和模拟方法。学会PHOENICS在室外通风环境模拟中Wind边界条件的应用。

5.1.1 问题描述

图5-1为本案例某住宅小区的几何模型。在本案例室外空气流动模拟中，不考虑气温的影响，只探索在建筑阻挡下住宅周围空气的流动状态及分布规律。

5.1.2 建立几何模型

1．AutoCAD几何建模

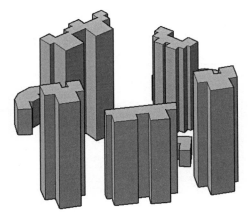

图5-1 某住宅小区室外空气流动分析

在AutoCAD中，打开该住宅小区平面图，采用"pl（多段线）"命令按照住宅外轮廓勾画封闭的建筑轮廓底图（图5-2）。

采用"ext（拉伸）"命令，按照各个建筑的实际高度分别将建筑外轮廓拉伸为具有一定高度的实体块（图5-3）。

采用"uni（合并）"命令，将所有建筑体块合并为一个整体。

采用"stlout（stl格式输出）"命令导出Residence community.stl的几何模型文件。注意在导出过程中出现"创建二进制STL文件"时选"否"。

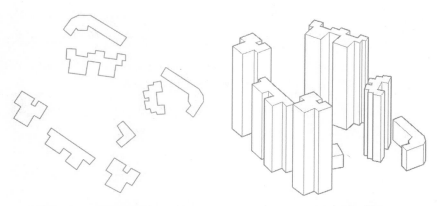

图5-2　住宅小区建筑外轮廓　　　　　图5-3　住宅小区拉伸实体块

2．PHOENICS模型导入

打开PHOENICS-VR Editor，通过点击菜单栏Options >> Change Working Directory可更改工作路径。点击菜单栏File >> Start New Case，选择FLAIR，点击OK，进入FLAIR-VR Editor主界面。然后点击菜单栏File >> Save As a Case，勾选Save changes to Q1 input file和Save changes to EARDAT file for Solver，点击OK，选择保存的文件夹，并命名Q1文件名，点击保存。

单击VR Editor面板上的Obj按钮，弹出Object Management（对象管理）对话框，然后从菜单栏点击Object >> New >> Import CAD Object，在弹出的窗口中选择Residence community.stl文件，点击打开，弹出如图5-4所示的对话框，保持默认，点击OK。

```
Import STL Data                                          ?    ×

    The STL file ...sktop\Book\Five Case-Wind\Building.stl
    is to be converted into the VR geometry file
              building.dat

    DatMaker arguments for conversion:
    Do hole mend         □            Check consistency    □
    Check folds          □            No graphic output    ☑
    Split CAD file into separate closed volumes            □

    Create the geometry file in:
        The current working directory          Yes
        (C:\Users\liang\Desktop\Book\Five Case-Wind)
        The central geometry store              No
        (c:\phoenics\d_satell\d_object\fromcad)

              Cancel                        OK
```

图5-4　Import STL Data对话框

此时，将弹出第二个对话框，将该对话框中Take size from Geometry file（读取模型尺寸）由NO改为YES。同时考虑到AutoCAD中默认单位为mm，而PHOENICS中默认单位为m，因此为保证单位统一，在Geometry scaling factor后输入0.001，点击Apply（图5-5），单击OK。再次单击OK。

模型导入后区域变大，需要调整窗口显示。点击工具栏R旁的下三角符号，选择Fit to Window调整视窗后，即可看到导入的几何模型（图5-6）。

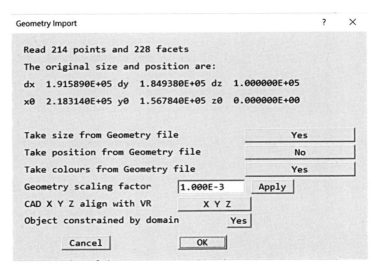

图5-5 Geometry Import对话框

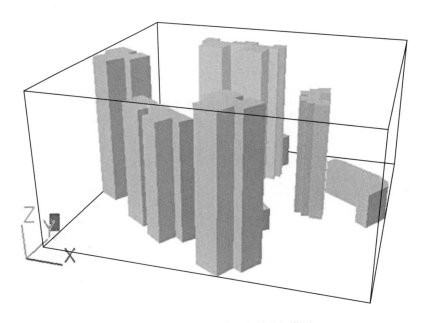

图5-6 PHOENICS中导入的几何模型

3．计算域设定

为准确计算建筑外空气流动，需要将计算域进行放大，具体方法如下：单击可视化界面空白位置，然后在VR Editor面板上的Size下方框X、Y、Z内依次输入放大之后的区域大小，分别为1000、1000和300。

单击选中导入的住宅小区模型（建筑被选中后为带白色线条的状态），在VR Editor面板上的Position下方框X和Y内依次输入420和420，指定新的几何模型位置。点击可视化界面空白位置。在Position下方框X和Y内均输入500调整监测点位置。通过调整视窗，新的计算域如图5-7所示。

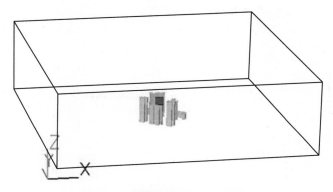

图5-7　计算域调整后的几何模型

这里需要说明的是，关于计算域大小的确定，可以在控制面板中设置，也可以在网格设置中指定。如果是室外风环境计算，建筑覆盖区域应小于整个计算区域面积的3%，以目标建筑为中心，半径5H（建筑物高度）范围内为水平计算区域，建筑上方计算区域要不小于3H（建筑物高度）。

5.1.3　指定边界条件

单击VR Editor面板上的Obj按钮，进入Object Management（对象管理）对话框，在该对话框点击菜单栏Object >> New >> New Object >> Wind（风），在弹出的对话框中将名称命名为Wind。

点击Attributes（属性）进入Wind Attributes（风边界属性）对话框。在该对话框中，根据当地气象数据输入风速和风向，具体为：在Wind speed中输入3，在Wind direction中设置为North-West；修改Profile Type为Power Law，并将指数设置为0.22（设置方法见3.3.2节C类）；将Store Wind Amplification Factor（WAMP）（风速放大系数）设置为YES，并将Reference height设置为1.5 m，如图5-8。风速放大系数指标作为绿建

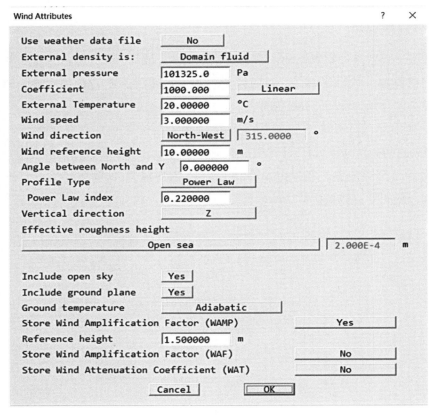

图5-8　Wind Attributes对话框

标准中常用评价指标之一，可以在后处理中直接查看结果。设置完成后点击OK。再次点击OK退出Object Specification（对象指定）对话框，关闭Object Management（对象管理）对话框。

5.1.4　划分计算网格

单击VR Editor面板上的Menu，在弹出的Domain Settings对话框中点击Geometry，弹出Grid Mesh Settings网格设置面板，分别单击X-Auto、Y-Auto和Z-Auto，变换为X-Manual、Y-Manual和Z-Manual。

分别点击Edit all Regions in后面的X direction、Y direction、Z direction，设置网格数目。点击X direction后，出现X direction settings对话框，点击Free all，在X方向各分区按照图5-9所写参数设置网格。

按照同样的方法设置Y方向和Z方向的网格参数，具体参数如图5-10和图5-11。

设置完成后，点击工具栏中的网格开关按钮⊞，调整视图，网格如图5-12所示。

Reg	End positn	Cells	Distributn	Power	Symmetric	Cell _powr
1	420.0000	30	Geom Prog	-1.100000	No	Set
2	611.5890	60	Geom Prog	1.000000	Yes	Set
3	1000.000	30	Geom Prog	1.100000	No	Set

图5-9　X方向网格参数设置

Reg	End positn	Cells	Distributn	Power	Symmetric	Cell powr
1	420.0000	30	Power law	-1.700000	No	Set
2	604.9380	50	Power law	1.000000	No	Set
3	1000.000	30	Power law	1.700000	No	Set

图5-10　Y方向网格参数设置

Reg	End positn	Cells	Distributn	Power	Symmetric	Cell powr
1	100.0000	50	Geom Prog	1.050000	No	Set
2	300.0000	20	Geom Prog	1.050000	No	Set

图5-11　Z方向网格参数设置

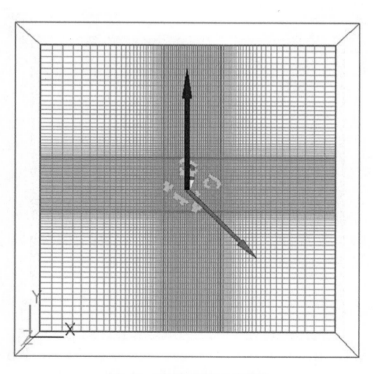

图5-12　划分完成后的计算网格

5.1.5 设置物理模型

在Domain Settings对话框中点击Models按钮，在弹出的选项中将Energy Equation（能量方程）设置为OFF。将Turbulence Models（湍流模型）设置为LVEL，如图5-13所示。

点击图5-13最下方的Page Dn，在新的窗口中点击Comfort indices（舒适指数）后面的Settings（设置），在弹出的窗口中，将Mean Age of Air（AGE）设置为ON。完成以后依次点击Previous panel和Top Menu退回到Domain Settings主窗口，点击OK完成模型设置。

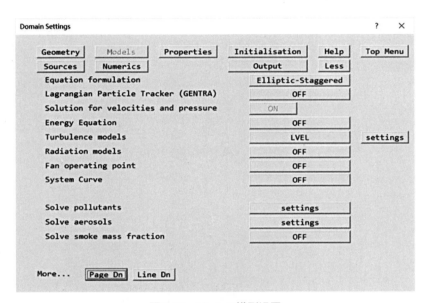

图5-13　Models模型设置

5.1.6 设置材料

在Domain Settings中点击Properties按钮，在弹出的选项中，确认The current domain material is（当前计算域材料）为"0 Air at 20 deg C，1 atm，treated…"，参考压力和温度值保持不变。

5.1.7 求解计算

在Domain Settings中单击Numerics（数值计算）按钮，然后点击Total number of iteration（总迭代次数），将此窗口中的数值设置为1000。单击Top Menu返回顶部菜单面板，点击OK完成求解设置。设置完成后点击保存按钮。

点击菜单栏中Run >> Solver，然后单击OK以确认运行EARTH求解器。这些操作应该会导致 PHOENICS EARTH 屏幕出现。左图为监测点（红铅笔位置）的即时数据，右边为残差曲线。计算完成后页面会自动关闭。

5.1.8 结果后处理

当计算完成后，点击菜单栏中Run >> Post Processor >> GUI-Post Processor（VR Viewer），在随后弹出的对话框中点击OK，进入后处理界面。

查看速度云图。具体操作如下：点击可视化界面空白处，将VR Viewer中的监测点Z坐标设置为1.5 m，然后依次点击VR Viewer面板上的云图开关按钮 🔲，Z按钮 𝗭 和速度按钮 𝗩，通过视图调整，出现如图5-14所示的水平面1.5 m高度处风速云图。图中的颜色与颜色条中的数值大小对应。

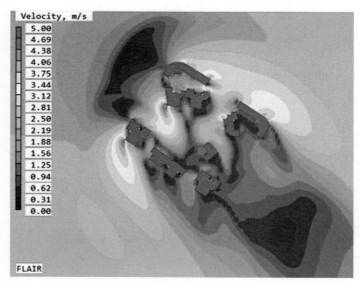

图5-14　水平面1.5 m高度处风速云图

查看风速放大系数云图。具体操作如下：点击VR Viewer面板上的C按钮 𝗖，在弹出的窗口中，将Current Variable设置为WAMP（风速放大系数），如图5-15。

查看空气龄云图。具体操作如下：点击VR Viewer面板上的C按钮 𝗖，在弹出的窗口中，将Current Variable设置为AGE（空气龄），调整变量的最大值和最小值，以及显示方式，出现如图5-16空气龄云图。

查看压力云图。具体操作如下：点击VR Viewer面板上的压力按钮 𝗣，显示压力

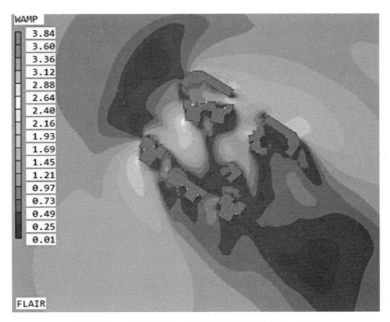

图5-15　水平面1.5 m高度处风速放大系数云图

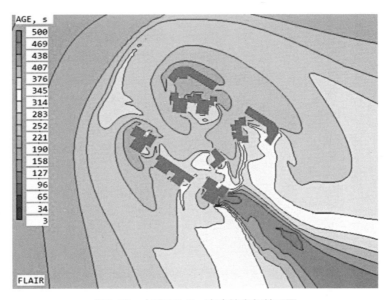

图5-16　水平面1.5 m高度处空气龄云图

云图，如图5-17。

　　建筑表面压力数据提取。在可视化界面选中小区中某一建筑物，右键选择Surface Contour，此时，将显示建筑表面的压力云图，如图5-18。从图中可以详细地看出建筑外表面的压力状况。

　　再次选中该建筑物，右键单击选择Dump surface values，将会在PHOENICS的工

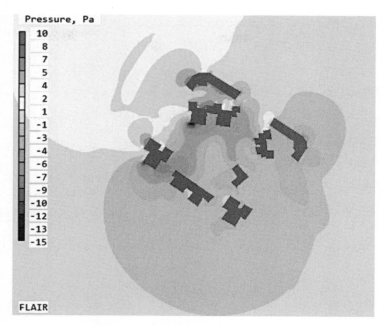

图5-17 水平面1.5 m高度处压力云图

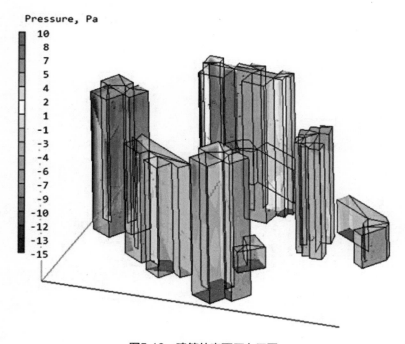

图5-18 建筑外表面压力云图

作文件夹下面会产生一个B1_Pressure.csv文件，打开查看即可获得该建筑物表面各点的压力值，如图5-19所示。

查看速度矢量图。具体操作如下：关闭云图开关按钮 ◢，打开矢量图开关按钮 ◤，关闭压力按钮 🄿，打开速度按钮 🅅，出现如图5-20速度矢量图。

保存结果图片。具体操作为：点击菜单栏File >> Save Window as，在弹出的Save Window as file对话框输入图片名称，选择输出格式，如图5-21，点击OK。

	A	B	C	D
1	Pressure surface values for object B1			
2	------------------------------			
3	X	Y	Z	Pressure
4	564.46	501.9	80	-3.6239
5	564.56	503.21	80	-3.5202
6	563.47	504.15	80	-3.5399
7	564	503.18	80	-3.5581
8	562.38	505.09	80	-3.5535
9	563.55	504.47	80	-3.5238
10	564.67	504.52	80	-3.4065
11	563.52	504.81	80	-3.51
12	564.77	505.83	80	-3.3137
13	563.58	505.79	80	-3.4435
14	562.4	505.76	80	-3.5166
15	561.21	505.72	80	-3.5883

图5-19 CSV文件中的压力数据结果

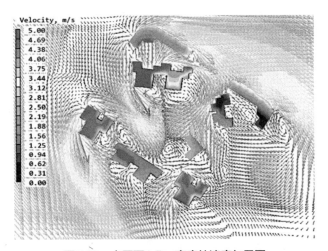

图5-20 水平面1.5 m高度处速度矢量图

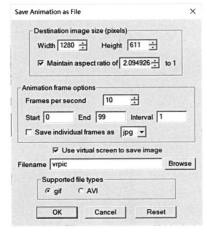

图5-21 Save Window as file对话框

5.2 室外热环境仿真案例

本节将通过某建筑群的室外热环境问题，使读者掌握通过PHOENICS求解建筑外热环境的操作过程和模拟方法。

5.2.1 问题描述

图5-22为本案例的某建筑群的几何模型。本案例中，既考虑了室外空气流动，也考虑了太阳辐射等因素带来的空气传热。

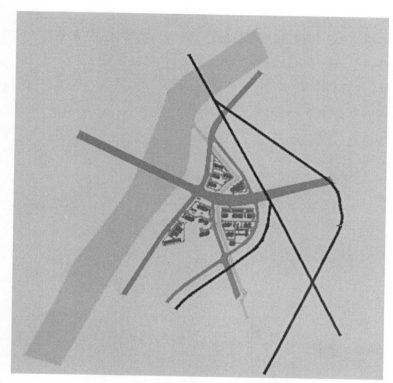

图5-22　某建筑群室外空气流动与传热仿真案例

5.2.2　建立几何模型

在本案例的几何模型中，着重介绍PHOENICS中模型导入和计算域设定两部分，不再赘述基于其他CAD软件的模型建立过程。

1. PHOENICS模型导入

打开PHOENICS-VR Editor，通过点击菜单栏Options >> Change Working Directory可更改工作路径。点击菜单栏File >> Start New Case，选择FLAIR，点击OK，进入FLAIR VR Editor主界面。然后点击菜单栏File >> Save As a Case，勾选Save changes to Q1 input file和Save changes to EARDAT file for Solver，点击OK，选择保存的文件夹，并命名Q1文件名，点击保存。

单击VR Editor面板上的Obj按钮，弹出Object Management（对象管理）对话框，然后从菜单栏点击Object >> New >> Import CAD Group，在弹出的窗口（图5-23）中，点击Browse for CAD/DAT files找到存放几何模型的文件夹，按住Ctrl选择建筑、道路、河流、铁路和草地五个STL文件，点击打开，将Geometry scaling factor设置为0.001，点击Apply，点击OK。

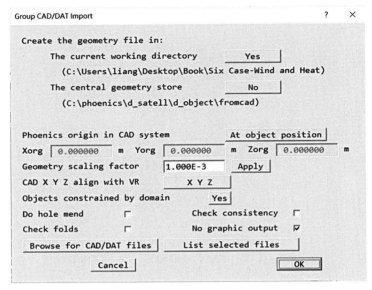

图5-23　Group CAD/DAT Import对话框

在Object Management（对象管理）对话框中，双击导入的几何模型，在弹出的
Object Specification（对象指定）对话框中单击Options（选项）标签，调整各个几何
部件的显示颜色。经过颜色调整后的几何模型如图5-24所示。

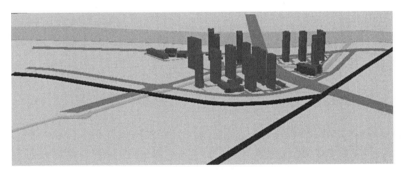

图5-24　颜色调整后的几何模型

2．计算域设定

在VR Editor面板中，点击Menu按钮，弹出Domain Settings对话框，单击Geometry
按钮，弹出Grid Mesh Settings对话框，如图5-25，在Domain Size中分别输入5000、5000
和300。Cut-Cell method设置为off。单击OK。

在Object Management（对象管理）对话框中，按住Shift，将草地、道路、建筑、
河流和铁路全部选中，在VR Editor中将Position（位置）中的X、Y分别设置为1250、
1250。此时计算域如图5-26所示。

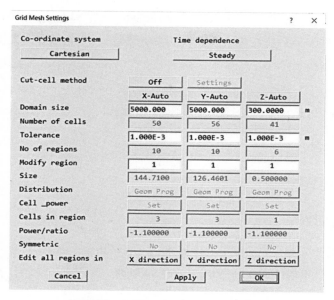

图5-25　Grid Mesh Settings对话框

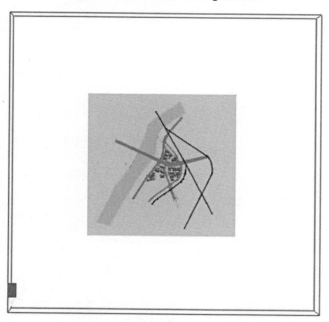

图5-26　调整计算域后的几何模型

5.2.3　设置物理模型

在VR Editor面板上点击Menu菜单，弹出Domain setting对话框，单击Models（模型）按钮，将Energy Equation（能量方程）设置为TEMPERATURE，将Turbulence Models（湍流模型）设置为Chen-Kim KE，将Radiation Models（湍流模型）设置为IMMERSOL。

点击Solution control/Extra variables后面的Settings，弹出添加变量对话框。在Active Storage后面的Store框中填入LIT（LIT为光照度，另外#QS2为太阳辐射附加的热量值），然后点击Apply。通过LIT来区别建筑物的阴影面，来区别建筑物的不同部位的热量分布。

点击Comfort indices（舒适指数）后面的Settings，开启Air Temperature（Ignoring solids）（TAIR）。

5.2.4　指定边界条件

1．添加风边界

单击VR Editor面板上的Obj按钮，进入Object Management（对象管理）对话框，在该对话框点击菜单栏Object >> New >> New Object >> Wind（风），在弹出的对话框中将名称命名为Wind。

点击Attributes（属性）进入Wind Attributes（风边界属性）对话框。在该对话框中，根据当地气象数据，将Wind speed设置为2.0，Wind direction选取North-East。修改Profile Type为Power Law，并将指数设置为0.12（见3.3.2节A类）。在Effective roughness height下方框选择"Open flat terrain, grass, few isolated obstacles"，将Include open sky设置为Yes，将External Radiative Link后面项设为Yes，T external 点击user其后面项改为0；将Store Wind Amplification Factor（WAMP）（风速放大系数）设置为YES，并将Reference height设置为3.5 m（草地高度为2.0 m，距地1.5 m，高度实际为3.5 m），如图5-27。

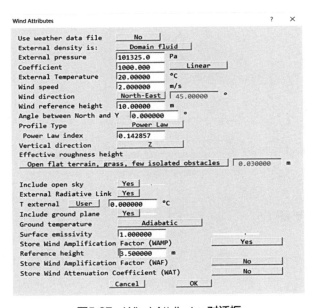

图5-27　Wind Attributes对话框

设置完成后点击OK。再次点击OK退出Object Specification（对象指定）对话框。

2．添加太阳边界

在Object Management（对象管理）对话框中，点击Object >> New >> New Object >> Sun（太阳），在弹出的对话框中将名称命名为Sun。

点击Attributes（属性）进入Sun Attributes（太阳属性）对话框。在该对话框中，根据建筑所在地的纬度、日期和时间，将Latitude（纬度）设置为31，在Direct Solar radiation（直射辐射）框内输入800，在Diffuse Solar radiation（散射辐射）框内输入300；Date设为模拟时间，本案例中选择夏季7月14日，Time填入14 h，如图5-28所示。单击OK，再次点击OK退出Object Specification（对象指定）对话框。

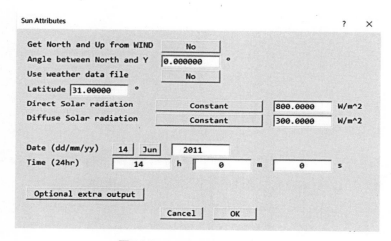

图5-28　Sun Attributes对话框

3．设置建筑参数

在Object Management（对象管理）对话框中，双击建筑模型，在弹出的面板中单击Attributes（属性），出现Blockage Attributes对话框，在Types处选择Solid，将Material设置为"<147>Brick-4-at 20 deg C"。将Heat transfer coeff（传热系数）选择为User，并输入10。在Emissivity（发射率）中输入0.9，在Solar absorption（吸收率）中输入0.5，如图5-29。设置完成后点击OK。再次单击OK退出Object Specification（对象指定）对话框。

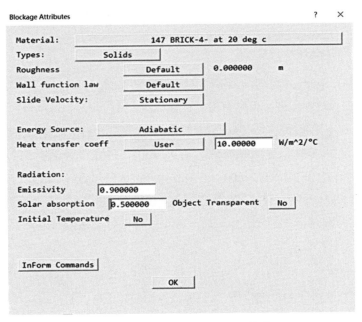

图5-29　Blockage Attributes对话框

4．设置草地参数

按照同样的方法，在Object Management（对象管理）对话框中，双击草地模型，在弹出的面板中单击Attributes（属性），出现Blockage Attributes对话框，在Types处选择Solid，将Material设置为Grass。将Heat transfer coeff（传热系数）选择为User，并输入100。在Emissivity（发射率）中输入1.0，在Solar absorption（吸收率）中输入0.5。

5．设置道路参数

按照同样的方法，在Object Management（对象管理）对话框中，双击道路模型，在弹出的面板中单击Attributes（属性），出现Blockage Attributes对话框，在Types处选择Solid，将Material设置为Road。将Heat transfer coeff（传热系数）选择为User，并输入30。在Emissivity（发射率）中输入0.8，在Solar absorption（吸收率）中输入0.5。

6．设置河流参数

按照同样的方法，在Object Management（对象管理）对话框中，双击河流模型，在弹出的面板中单击Attributes（属性），出现Blockage Attributes对话框，在Types处选择选择Solid，将Material设置为River。将Energy resource（能量源）选择为Fixed Temperature（表面温度），并输入26。在Emissivity（发射率）中输入1.0，在Solar absorption（吸收率）中输入0.5。

7. 设置铁路参数

按照同样的方法，在Object Management（对象管理）对话框中，双击道路模型，在弹出的面板中单击Attributes（属性），出现Blockage Attributes对话框，在Types处选择Solid，将Material设置为Railway。将Heat transfer coeff（传热系数）选择为User，并输入60。在Emissivity（发射率）中输入0.8，在Solar absorption（吸收率）中输入0.5。

8. 添加土壤层

在Object Management（对象管理）对话框中，点击菜单栏Object >> New >> New Object >> Plate（板），在弹出的窗口中选择Z Plane，在弹出的Object Specification（对象指定）对话框中将名称命名为Soil。

点击Size（大小）标签，将Size（大小）设置为：X为在"To end"打钩，Y为在"To end"打钩，Z为0.0 m。

点击General（常规）标签，点击Attributes（属性），在弹出的External Plate窗口中，将Energy Source（能量源）设置为Surface Temperature（表面温度），其值设为26，如图5-30。

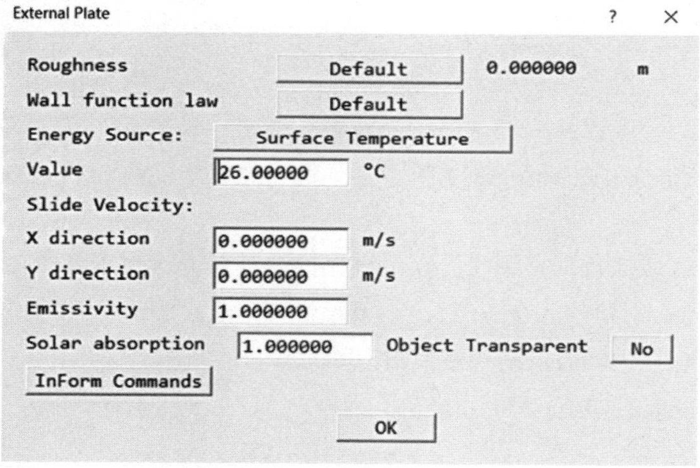

图5-30　External Plate对话框

5.2.5　划分计算网格

在VR Editor面板上点击Menu，打开Domain Settings对话框，单击Geometry按钮，弹出Grid Mesh Settings对话框，依次单击X-Auto、Y-Auto、Z-Auto，变为X-Manual、Y-Manual、Z-Manual。在Number of cells中依次将X、Y和Z方向的网格数

设置为150、150和50；在Cell_power所对应行中，依次将Set设置为Free，如图5-31，点击Apply。

在图5-31中，分别打开X direction、Y direction、Z direction，可以对各个区块详细划分网格。本案例中，全场采用均匀网格划分，即依次选择三个方向点击Free all。

实际模拟计算中通常采用增长型网格降低整体网格数量。操作时首先按照前述将全场网格均匀化划分，然后将主要研究区域的网格加密，周围区域设置增长型网格。为简化网格分区，在Object Management（对象管理）对话框中，分别双击建筑、道路、河流和铁路模型，在弹出的对话框中选择Options（选项）标签，找到Object effects by将X、Y对应勾选取消，如图5-32。

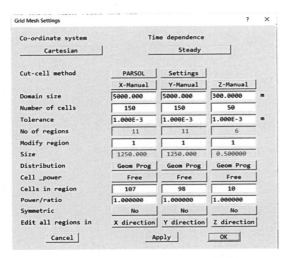

图5-31　Grid Mesh Settings对话框

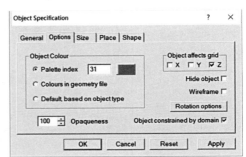

图5-32　Object Specification对话框

对关注的区域进行网格细化。在可视化界面，单击选中实体所在的区域，弹出Grid Mesh Settings对话框，在点击打开X direction，设置X方向网格如图5-33。按照同样的方法设置Y方向和Z方向的网格如图5-34和图5-35。

网格划分完成后如图5-36所示。

Reg	End positn	Cells	Distributn	Power	Symmetric	Cell_powr
1	1250.000	15	Power law	-1.050000	No	Set
2	3682.240	120	Power law	1.000000	No	Set
3	5000.000	15	Power law	1.500000	No	Set

图5-33　X方向网格设置

Reg	End positn	Cells	Distributn	Power	Symmetric	Cell powr
1	1250.000	25	Geom Prog	-1.050000	No	Set
2	3668.790	100	Geom Prog	1.000000	No	Set
3	5000.000	25	Power law	1.500000	No	Set

图5-34 Y方向网格设置

Reg	End positn	Cells	Distributn	Power	Symmetric	Cell _powr
1	3.000000	2	Power law	1.000000	No	Free
2	105.0000	25	Power law	1.100000	No	Free
3	300.0000	25	Power law	1.400000	No	Free

图5-35 Z方向网格设置

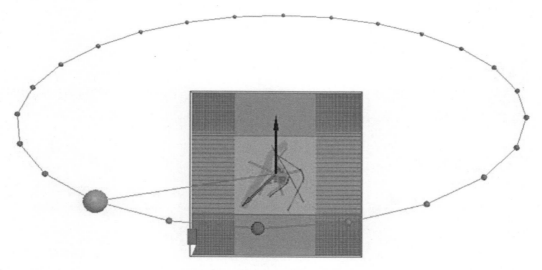

图5-36 划分完成后的计算网格

5.2.6 设置材料和源相

在VR Editor面板中单击Menu按钮，在弹出的对话框中点击Properties（特征），设置Ambient temperature（环境温度）为32.3℃，如图5-37。

点击Sources按钮，确保Gravitational forces处于关闭状态。

5.2.7 求解计算

在Domain Settings中单击Numerics（数值计算）按钮，然后点击Total number of iteration（总迭代次数），将此窗口中的数值设置为2000。单击Top Menu返回顶部菜

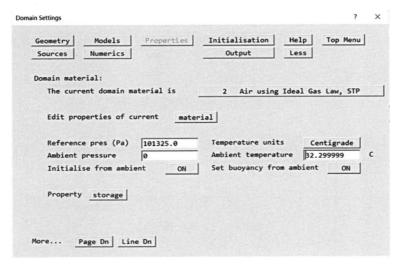

图5-37　Properties设置

单面板，点击OK完成求解设置。设置完成后点击保存按钮。

点击菜单栏中Run >> Solver，然后单击OK以确认运行EARTH求解器。这些操作应该会导致 PHOENICS EARTH 屏幕出现。计算完成后页面会自动关闭。

5.2.8　结果后处理

当计算完成后，点击菜单栏中Run >> Post Processor >> GUI-Post Processor（VR Viewer），在随后弹出的File names对话框中点击OK，进入后处理界面。

查看压力云图。具体操作如下：点击可视化界面空白处，将VR Viewer中的监测点Z坐标设置为3.5 m，然后依次点击VR Viewer面板上的云图开关按钮，Z按钮和压力按钮，通过视图调整，出现如图5-38所示的距地1.5 m高度处压力云图。

单击速度按钮，通过调节等值线显示，查看如图5-39距地1.5 m高度处的速度云图。

单击温度按钮，关闭等值线显示，查看如图5-40距地1.5 m高度处的温度云图。

再次点击云图开关按钮，关闭云图显示，点击控制面板上的C按钮，在Curent Variable 选中LIT，显示太阳阴影分布，选中草地、道路、铁路和河流，右键单击，选中Surface contour（表面云图），整个场地的太阳阴影分布如图5-41。

选中草地、道路、铁路和河流，右键单击，关闭Surface contour（表面云图）显示，点击控制面板上的C按钮，在Curent Variable 选中WAMP，显示风速放大系数分布，如图5-42所示。

后处理完成后，Q1和相关的输出文件可以通过单击菜单栏File >> Save as a case永久地保存。

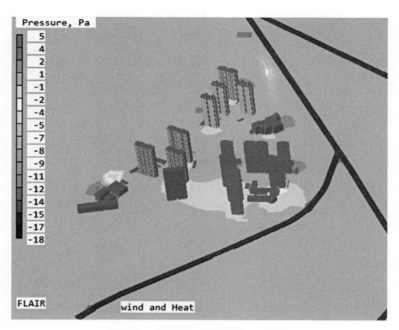

图5-38　距地1.5 m高度处压力云图

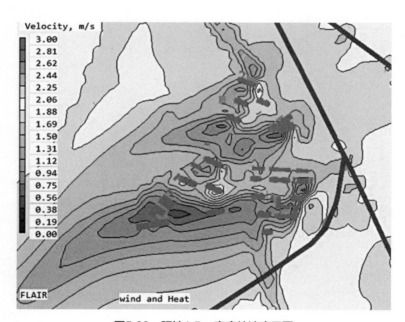

图5-39　距地1.5 m高度处速度云图

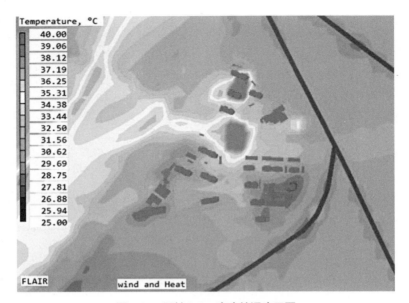

图5-40 距地1.5 m高度处温度云图

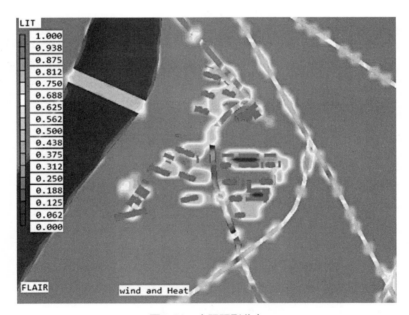

图5-41 太阳阴影分布

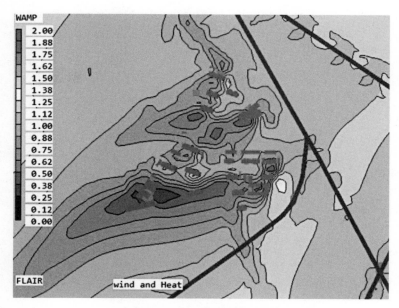

图5-42　风速放大系数云图

5.3　本章小结

　　本章以室外风环境和热环境仿真案例入手，介绍了PHOENICS中建筑室外通风和传热过程的仿真分析方法。通过本章的学习，读者可以掌握建筑室外风环境和热环境的模拟方法和操作过程。

第**6**章

建筑内空气流动
与传热分析

在自然或机械力作用下，建筑内部空气将会发生流动。其中自然作用主要受室外风压或热压驱动，机械力则依靠风机驱动空气流动。本章将分别介绍在PHOENICS中模拟风压作用、热压作用和机械力作用下的建筑内部空气流动规律。

6.1 风压下的室内通风仿真案例

风压作用下的室内自然通风可通过两种仿真方式实现。具体如下：

（1）将建筑模型处理为门、窗、洞口开启（即室内和室外连通）的情形，模型上建立包括室内和室外的计算域，使用WIND模块模拟室外来流风边界，按照第5.1节模拟室外空气流动的方法，可以得到在室外风状态下建筑室内的自然通风效果。该方法计算结果较为准确，但同时计算室内和室外空气流动，计算网格量较大，计算速度较慢。

（2）只建立建筑本身及室内区域作为计算域，使用Opening或Angled-out边界条件模拟门、窗和洞口处的压力边界条件，可以得到在室外风状态下室内的自然通风结果。该方法的优点是计算规模可控，计算速度快，但门、窗和洞口处的压力边界条件需要通过室外风环境模拟得到。

考虑到第一种方法的模型设置和基本操作已经在5.1中做过介绍，因此，本节的室外风压作用下的自然通风主要介绍第二种模拟方法。通过本节的仿真分析可以得到风压作用下建筑室内的速度场和空气龄等。根据这些结果可以改善窗户的设置位置和大小，也可以判断室外空气进入室内后在室内停留的时间，从而帮助设计师更好地优化风压通风效果。

6.1.1 问题描述

图6-1为某单层建筑平面图。该建筑坐北朝南，整个建筑东西开间9.0 m，南北进深9.0 m，建筑层高3.0 m，共计设有8扇外窗，每扇窗户尺寸为

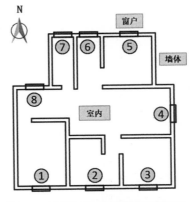

图6-1 风压下的自然通风建筑模型

1.0 m×1.5 m（宽×高）。已知在室外风压的作用下，编号1~3的窗户口处的风压为5 Pa，编号4~8的窗口处的风压为0 Pa，不考虑热压的作用。

6.1.2 建立几何建模

在本案例中，几何模型的建立包含AutoCAD中几何建模和PHOENICS中模型导入两部分。

1．AutoCAD几何建模

本案例采用AutoCAD建立几何模型。打开AutoCAD，首先新建CAD文件，并建立如下4个图层（0图层为默认，不需要建立），各个图层的名称及作用见表6-1。

AutoCAD中新建图层及作用 表6-1

序号	图层名称	作用
1	0	默认已有，将实际项目图纸中的墙体和外窗复制到CAD中的"0"图层，用于绘制其他二维线框的辅助线
2	Blockage	1. 与Window产生交界面；2. 填充Wall凹凸部分
3	Window	1. 与Blockage产生交界面；2. 在PHOENICS中设置风压
4	Wall	墙体
5	RoomAch	统计房间的换气次数

在AutoCAD中建模过程：

（1）将Blockage图层设为当前层，进行如下操作：沿"0"图层中的建筑外墙外轮廓采用"pl（多段线）"命令绘制闭合线框；在距离外墙外轮廓的厚度200 mm处，同样采用"pl（多段线）"命令绘制建筑XY边界的闭合线框（图6-2）。

（2）将Window图层设为当前层，进行如下操作：保持"0"图层中的建筑外窗宽度尺寸，将窗户厚度尺寸设为原尺寸（200 mm）的1.5倍（300 mm），即窗户突出外墙0.5倍（100mm），如图6-3所示，采用"rec（矩形）"命令依次绘制8扇外窗。

（3）将Wall图层设为当前层，进行如下操作：沿建筑外墙外轮廓，采用"pl"绘制闭合线框；采用"pl"命令沿着"0"图层的建筑内轮廓，描绘得到外墙内轮廓闭合线框，如图6-4。

（4）将RoomAch图层设为当前层，进行如下操作：确定需要计算换气次数的房间；采用pl命令沿墙体内轮廓画闭合线框，如图6-5。

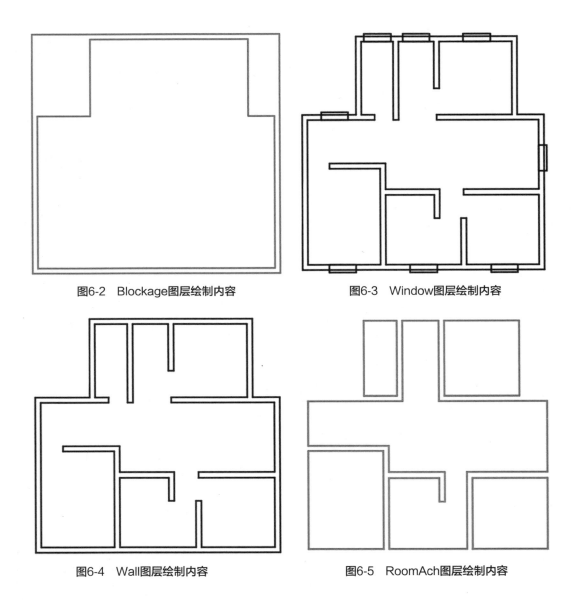

图6-2　Blockage图层绘制内容　　　　　　图6-3　Window图层绘制内容

图6-4　Wall图层绘制内容　　　　　　图6-5　RoomAch图层绘制内容

（5）建立实体过程：将Blockage图层设为当前层，采用"ext（拉伸）"命令将该图层中两条封闭线框拉伸为3.0 m高的体块，再采用"su（减运算）"命令，得到如图6-6所示的Blockage模块。

将Window图层设为当前层，采用"ext（拉伸）"命令将该图层中全部矩形线框拉伸为1.5 m高的外窗，再采用"uni（合并）"命令，将所有外窗合并为一个整体，最后采用"m（移动）"命令将所有外窗沿Z方向向上平移1.0 m，得到如图6-7所示的Window模块。

将RoomAch图层设为当前层，采用"ext（拉伸）"命令将该图层中各个封闭线框拉伸为3 m高的体块，再采用"uni（合并）"命令，将所有体块合并为一个整体，得

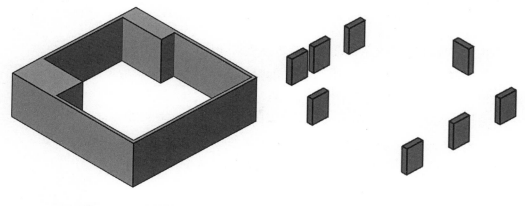

图6-6　Blockage模块

图6-7　Window模块

到如图6-8所示的RoomAch模块。

　　将Wall图层设为当前层，采用"ext（拉伸）"命令将该图层中两条封闭线框拉伸为3.0 m高的体块，再采用"su（减运算）"命令，得到外墙体块；紧接着采用"su（减运算）"命令，从外墙体块中去掉外窗模块，得到如图6-9所示的Wall模块。需要注意的是，在墙上挖洞时，外窗模块会被删除，因此在挖洞之前，提前复制一组外窗模块放置于旁边，当挖洞结束后，将提前复制的外窗模块返回原位。

　　（6）导出"stl"模型：选中全部模型，采用"m（移动）"命令将模型左下角整体移动至原点；通过关闭图层的方式，采用"stlout"命令分别导出Blockage、Window、Wall和RoomAch四个图层中的4类模型。

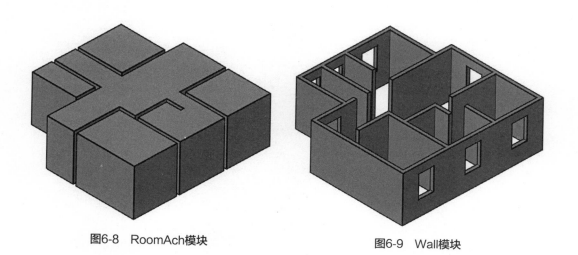

图6-8　RoomAch模块

图6-9　Wall模块

2．PHOENICS模型导入

将上述导出的4个文件储存到自建的英文文件夹中，注意路径不能有中文。

打开PHOENICS VR，点击菜单栏Options >> Change Working Directory，选定存放几何模型的自建文件夹为工作路径，点击确定。

点击菜单栏File >> Start New Case，在弹出的窗口中选择FLAIR-EFS，点击OK。

单击VR Editor面板上的Obj按钮，在弹出的Object Management（对象管理）对话框中（图6-10），选中Wind、Building和Buildzone三个对象并删除。

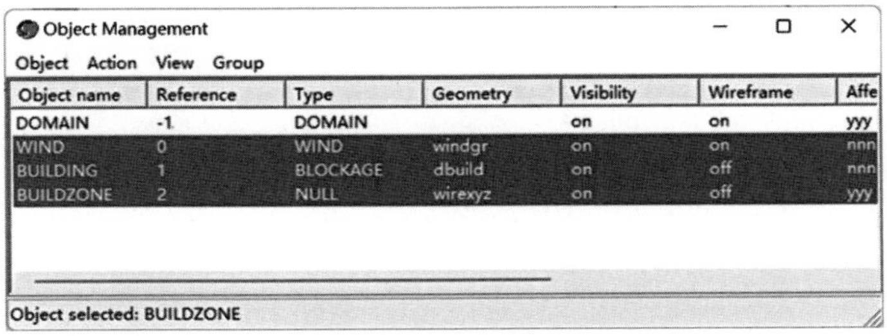

图6-10　Object Management对话框

点击Object >> New >> Import CAD Group，在弹出的Group CAD/DAT Import对话框中，选择Browse for CAD/DAT files，在弹出的打开窗中，指定到前面存放的4个模型文件，并点击打开，返回到Group CAD/DAT Import对话框。在Geometry scaling factor右侧窗口中设为0.001，并点击Apply，如图6-11，单击OK弹出Object Specification（对象指定）对话框，再次单击OK退出该对话框。

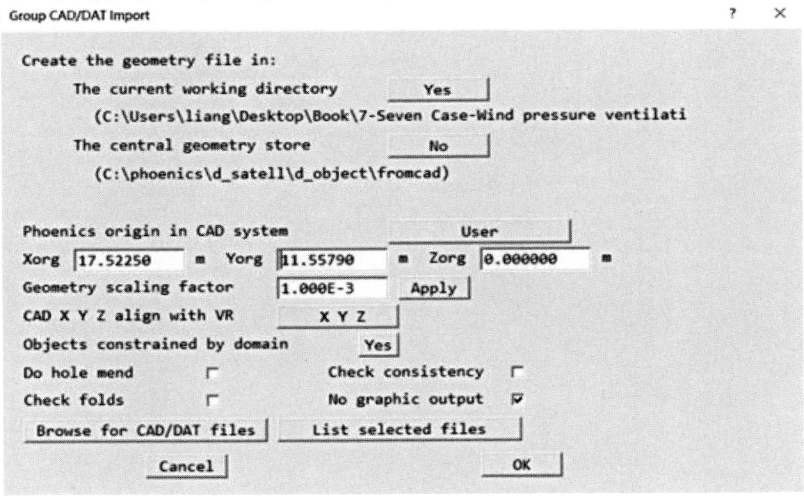

图6-11　Group CAD/DAT Import对话框

点击可视化界面空白处，在VR Editor面板上的Size（大小）处将X、Y、Z都设为0，计算域会自动缩放到合适大小。单击Movement面板上的Reset，弹出Reset View Parameters对话框，如图6-12，依次点击Fit to window和Nearest Head-on两个按钮，单击OK调整视图显示。

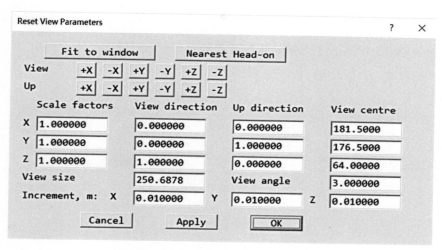

图6-12　Reset View Parameters对话框

在Object Management（对象管理）对话框中，通过双击各个几何模型，在弹出的Object Specification（对象指定）对话框中选择Options（选项）标签，设置模型的颜色、透明度和是否隐藏等参数，经过设置后的模型如图6-13所示。

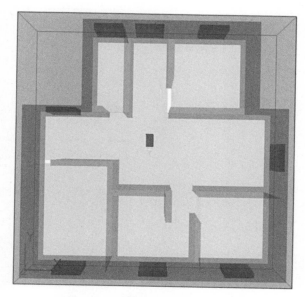

图6-13　经过显示设置后的几何模型

6.1.3 指定边界条件

在Object Management（对象管理）对话框中，双击Window对象，在弹出的Object Specification（对象指定）对话框中设置对象类型为ANGLED-OUT，如图6-14，单击OK完成设置。

双击RoomACH对象，在弹出的Object Specification（对象指定）对话框中设置对象类型为ROOM，如图6-15，单击OK完成设置。

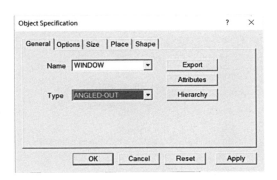

图6-14　Window对象类型设置

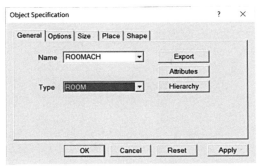

图6-15　RoomACH对象类型设置

模型导入后，窗户模块为一个整体，此时要把每一个窗户块分开为单独的个体，需要采用炸开操作。具体如下：左键选中Window对象，右键选择Datmaker operations，在弹出的Datmaker Object Operations对话框中，依次选择Object Changes，Split（into closed volumes），如图6-16，单击OK。

采用同样的炸开方法，将RoomACH也分割为单独的部分。

按住Ctrl多选两个空的NULL对象，如图6-17，右键选择Delete Object（s）删除这两个NULL对象。

为便于区分，将各个Window按照图6-1的编号进行命名，分别为Win1、

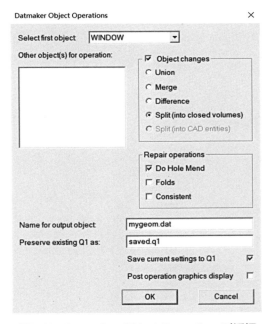

图6-16　Datmaker Object Operations对话框

win2……Win8。按住Ctrl，选中Win1、Win2和Win3，右键选择Open object dialog，在弹出的Object Specification（对象指定）对话框中，单击Attributes（属性）按钮，

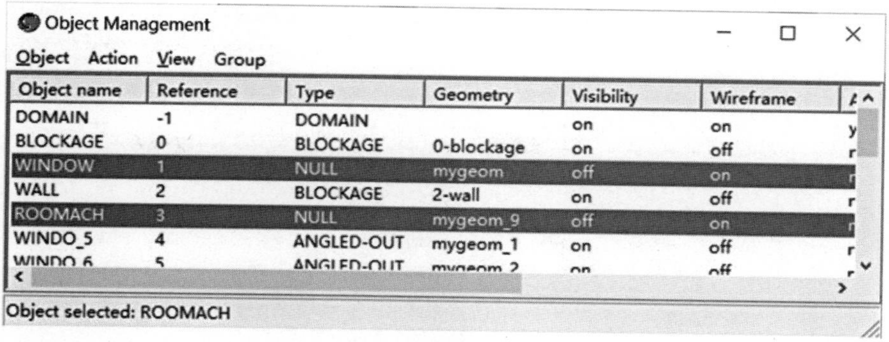

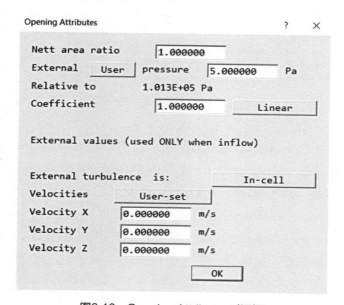

图6-17　炸开后出现的NULL对象

图6-18　Opening Attributes对话框

在弹出的对话框中，设置External pressure为5.0 Pa，Coefficient为1.0，如图6-18所示，单击OK，在弹出的窗口中选择Yes，这样完成对三个窗户表面压力的设定。

按照同样的方法，设置Win4、Win5、Win6、Win7和Win8的External pressure为0.0 Pa，Coefficient为1.0。

6.1.4　划分计算网格

点击工具栏上的网格开关按钮，软件会自动划分网格。在本案例中，取消所有模型对网格的影响，具体操作如下：在Object Management（对象管理）对话框中按住Shift选中所有模型，右键选择Object Affects Grid，取消掉所有方向的网格影响，如图6-19。

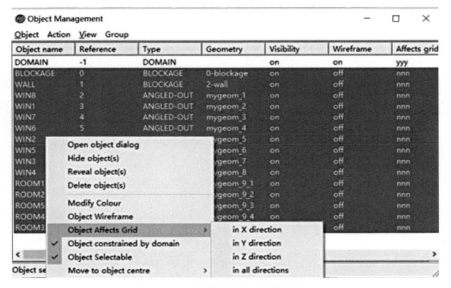

图6-19 取消所有模型对网格的影响

  单击Menu进入Domain Settings对话框，选择Geometry按钮，弹出Grid Mesh Settings对话框，在Cut-cell method中选择PARSOL，分别点击X-Auto、Y-Auto、Z-Auto，使之切换为X-Manual、Y-Manual、Z-Manual。在Cell_power中单击将所有的Set都切换为Free。在Number of cells分别输入100、100和60，如图6-20。点击X direction进入X direction settings对话框，点击Free all，点击OK退出。对Y direction和Z direction重复同样的操作。完成后单击OK退出Grid Mesh Settings对话框。

  网格绘制完成后的效果如图6-21所示。

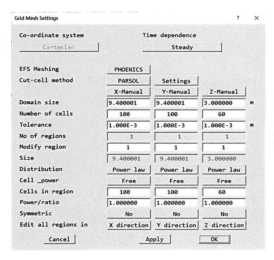

图6-20 Grid Mesh Settings对话框

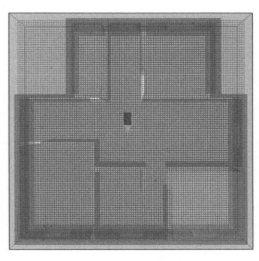

图6-21 最终生成的计算网格

6.1.5 设置物理模型

在Domain Settings对话框中点击Models按钮，在弹出的选项中将Energy Equation（能量方程）设置为OFF。将Turbulence Models（湍流模型）设置为Chen-Kim KE，单击Comfort Indices后面的Settings，打开Mean Age of Air（AGE）空气龄，如图6-22，点击后面的Settings，将Air change per hour（ACH换气次数）设置为ON。设置完成后返回到Menu主界面。

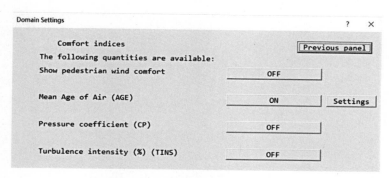

图6-22　Domain Settings对话框

6.1.6 计算求解

在Domain Settings面板中选择Numerics按钮，在Total number of iterations（总迭代次数）中输入2000。单击Top Menu返回顶部菜单面板，点击OK完成求解设置。设置完成后点击保存按钮。

点击菜单栏中Run >> Solver，然后单击OK以确认运行EARTH求解器。这些操作应该会导致PHOENICS EARTH屏幕出现。计算完成后页面会自动关闭。

6.1.7 结果后处理

当计算完成后，点击菜单栏中Run >> Post Processor >> GUI-Post Processor（VR Viewer），在随后弹出的对话框中点击OK，进入后处理界面。

查看压力云图。具体操作如下：点击可视化界面空白处，将VR Viewer中的监测点Z坐标设置为1.5 m，然后依次点击云图开关按钮 ⊘、Z按钮 Z 和压力按钮 P，通过视图调整，出现如图6-23所示的水平面1.5 m高度处压力云图。

单击速度按钮 V，查看如图6-24所示的水平面1.5 m高度处的速度云图。

点击控制面板上的C按钮 C，在Curent Variable 选中AGE，查看如图6-25所示的水

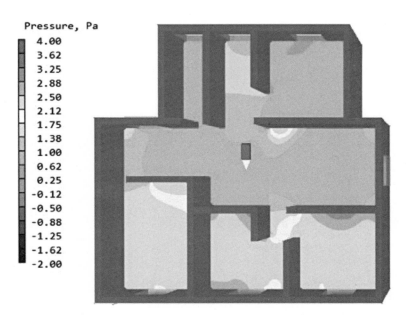

Pressure, Pa

图6-23 水平面1.5 m高度处的压力云图

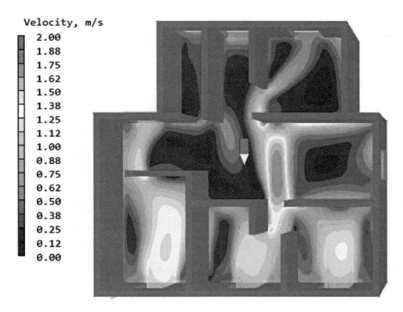

Velocity, m/s

图6-24 水平面1.5 m高度处的速度云图

平面1.5 m高度处的空气龄云图。

单击速度按钮 V，关闭云图开关按钮 O，打开矢量图开关按钮 ↗，点击控制面板上的C按钮 C，在Vectors标签下将Scale Factor设置为0.03，在Vector cell interval中将I、J、K分别设置为2、2和1，得到如图6-26所示的水平面1.5m高度处的速度矢量图。

统计房间换气次数。每个房间的送风量即房间对应的窗户模块的通风量可在结果

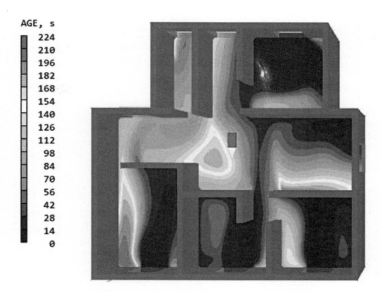

图6-25　水平面1.5 m高度处的室内空气龄云图

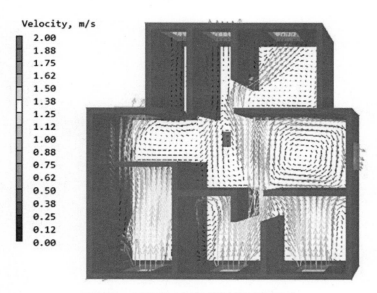

图6-26　水平面1.5 m高度处的速度矢量图

文件输出，具体操作为：File >> Open file for Editing >> Result（Output file）。在弹出的结果显示窗口中找到ACH（房间换气次数），如图6-27显示房间ROOM4的换气次数为214.6次/h。

　　另外，在结果文件中按键盘上Ctrl+F，搜索R1（注意点击区分大小写），从图6-28显示的nett sum结果（2.79E-4）可以看出，计算过程中总质量守恒。

　　当然根据图6-28右侧每个窗户的通风量（单位为kg/s），换算为每小时的体积流量（m³/h）后，按照"换气次数=房间送风量/房间体积"也可以求出换气次数。

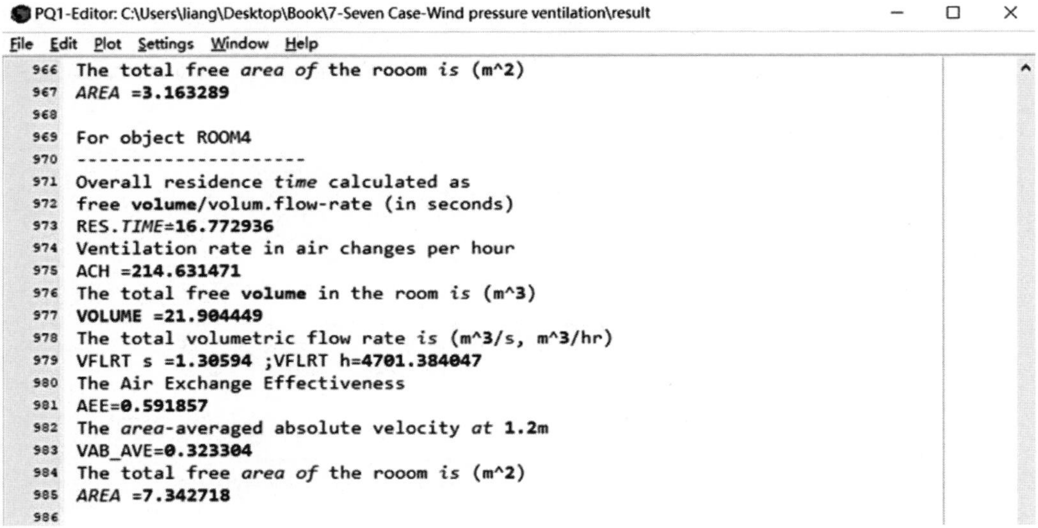

图6-27　房间ROOM4的换气次数

```
966  The total free area of the rooom is (m^2)
967  AREA =3.163289
968
969  For object ROOM4
970  ---------------------
971  Overall residence time calculated as
972  free volume/volum.flow-rate (in seconds)
973  RES.TIME=16.772936
974  Ventilation rate in air changes per hour
975  ACH =214.631471
976  The total free volume in the room is (m^3)
977  VOLUME =21.904449
978  The total volumetric flow rate is (m^3/s, m^3/hr)
979  VFLRT s =1.30594 ;VFLRT h=4701.384047
980  The Air Exchange Effectiveness
981  AEE=0.591857
982  The area-averaged absolute velocity at 1.2m
983  VAB_AVE=0.323304
984  The total free area of the rooom is (m^2)
985  AREA =7.342718
986
```

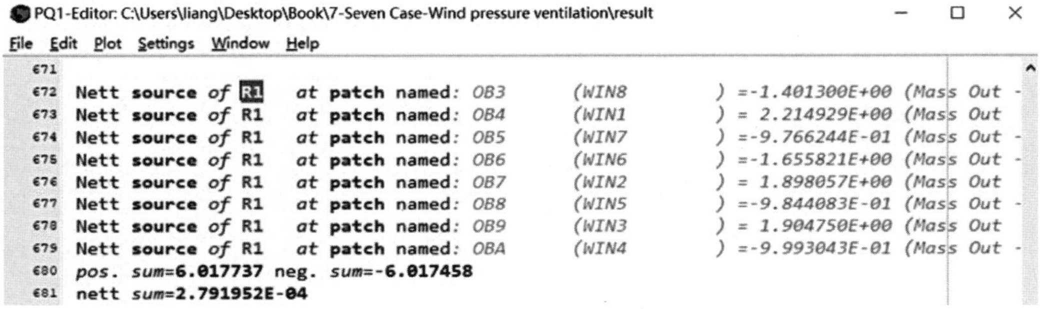

```
671
672  Nett source of R1    at patch named: OB3    (WIN8    ) =-1.401300E+00 (Mass Out
673  Nett source of R1    at patch named: OB4    (WIN1    ) = 2.214929E+00 (Mass Out
674  Nett source of R1    at patch named: OB5    (WIN7    ) =-9.766244E-01 (Mass Out
675  Nett source of R1    at patch named: OB6    (WIN6    ) =-1.655821E+00 (Mass Out
676  Nett source of R1    at patch named: OB7    (WIN2    ) = 1.898057E+00 (Mass Out
677  Nett source of R1    at patch named: OB8    (WIN5    ) =-9.844083E-01 (Mass Out
678  Nett source of R1    at patch named: OB9    (WIN3    ) = 1.904750E+00 (Mass Out
679  Nett source of R1    at patch named: OBA    (WIN4    ) =-9.993043E-01 (Mass Out
680  pos. sum=6.017737 neg. sum=-6.017458
681  nett sum=2.791952E-04
```

图6-28　质量守恒状况查看

6.2　热压下的室内通风仿真案例

6.2.1　问题描述

本案例为一间计算机机房，如图6-29，房间里面有一定数量的台式计算机。房间中有散流器，空气由散流器进入房间，从开启的门中流出。室内空气的流动是在台式计算机散热和散流器通风的综合作用下形成的。

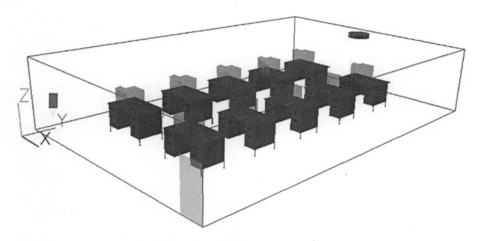

图6-29　计算机机房几何模型

6.2.2　建立几何模型

启动FLAIR VR主界面，默认显示了尺寸为10 m×10 m×3 m的房间。在VR Editor控制面板上修改Y方向尺寸为15 m。

点击Movement面板上的Reset（重置）按钮，在弹出的窗口中，点击Fit to window（适合窗口）。点击OK退出Movement面板。

6.2.3　指定边界条件

1．添加一扇门

在Object Management（对象管理）对话框中，点击Object >> New >> New Object >> Opening（开口），在弹出的窗口中选择Y Plane，弹出Object Specification（对象指定）对话框，更改名称为DOOR。

点击Size（大小）标签，将对象的Size（大小）设置为：X为1.0 m，Y为0.0 m，Z为2.0 m。

点击Place（放置）标签，将对象的Position（位置）设置为：X为9.0 m，Y为0.0 m，Z为0.0 m。

其他使用默认属性设置。

单击OK关闭Object Specification（对象指定）对话框。

2．增加一个散流器

在Object Management（对象管理）对话框中，点击Object >> New >> New Object >> Diffuser（散流器）。

点击Attributes（属性）弹出散流器属性对话框，并按图6-30进行设置。设置完成后单击OK关闭，再次单击OK退出Object Specification（对象指定）对话框。

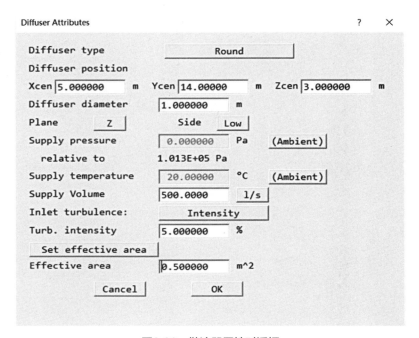

图6-30　散流器属性对话框

3．添加一定数量的桌子和电脑

在Object Management（对象管理）对话框中，点击Object >> New >> New Object >> Blockage（体块），弹出Object Specification（对象指定）对话框，更改名称为DESK。

点击Size（大小）标签，将对象的Size（大小）设置为：X为2.0 m，Y为1.2 m，Z为1.2 m。

点击Place（放置）标签，将对象的Position（位置）设置为：X为2.0 m，Y为2.0 m，Z为0.0 m。

点击Shape（形状）标签，从d_object/public/furnture目录中选择"desk"对象作为几何体。

单击OK关闭Object Specification（对象指定）对话框。

在Object Management（对象管理）对话框中，点击Object >> New >> New Object >> Heat source（热源），弹出Object Specification（对象指定）对话框，更改名称为MONITR。

点击Size（大小）标签，将对象的Size（大小）设置为：X为0.8 m，Y为0.8 m，Z为0.8 m。

点击Place（放置）标签，将对象的Position（位置）设置为：X为2.6 m，Y为2.0 m，Z为1.2 m。

点击Shape（形状），从d_object/public/furnture目录中选择"monitor"对象作为几何体。

点击General（常规）标签，然后点击Attributes（属性），设置总热源为150W。

单击OK关闭Object Specification（对象指定）对话框。

在Object Management（对象管理）对话框中，突出显示desk和monitor对象。点击菜单Object >> Array object（s）（阵列对象），弹出Array settings（阵列设置）对话框，如图6-31。

点击OK完成阵列模型的操作。

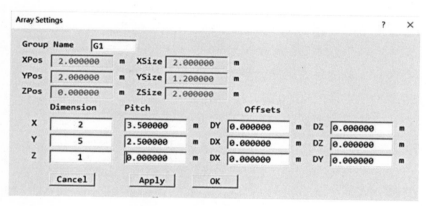

图6-31　Array settings对话框

6.2.4　设置物理模型

点击VR Editor面板中的Menu按钮，在弹出的窗口中，将Title（标题）设为"Flow in a computer room"。点击Models按钮，开启Energy Equation（能量方程），设置Turbulence Models（湍流模型）为Chen-Kim KE，关闭Radiation Models，如图6-32。

点击Top menu返回主界面，单击OK退出。

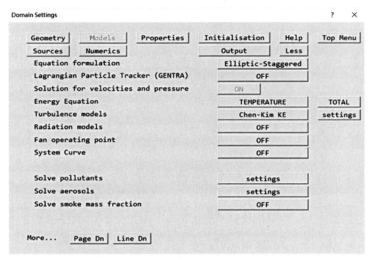

图6-32　Models设置

6.2.5　划分计算网格

点击VR Editor面板上的网格开关按钮📭，查看屏幕上的自动网格分布。自动生成的网格数为73×74×43，这对于案例教学来说太细了，需要优化。右键单击网格，调出Auto meshing交互式网格工具，如图6-33。对于X、Y和Z方向，依次将滑块向右移动，以减少网格到33×48×25左右。

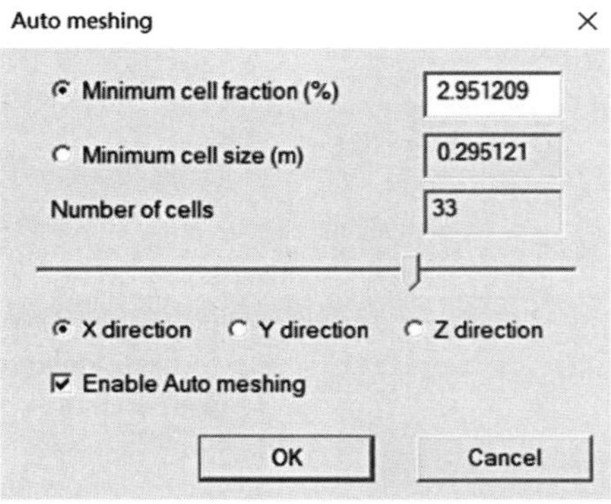

图6-33　Auto meshing交互式网格工具

6.2.6　求解计算

点击Menu按钮，在弹出的窗口中选择Numerics按钮，然后将Total number of iterations设置为500。点击Top menu（顶部菜单）返回主界面，然后点击OK。设置完成后点击保存按钮。

点击菜单栏中Run >> Solver，然后单击OK以确认运行EARTH求解器。这些操作应该会导致 PHOENICS EARTH 屏幕出现。计算完成后页面会自动关闭。

6.2.7　结果后处理

当计算完成后，点击菜单栏中Run >> Post Processor >> GUI-Post Processor（VR

Viewer），在随后弹出的对话框中点击OK，进入后处理界面。在图形显示中可以使用Object Management（对象管理）对话框来隐藏一些对象。

点击速度按钮 V ，移动监测点位置至X=5，Y=14.5，Z=2.8。

点击Streamline Management（流线管理）按钮 ，弹出Stream Options（流线选项）对话框，按照图6-34设置。

设置完成后，点击Create Streamlines（创建流线），点击OK退出Stream Options（流线选项）对话框，弹出Streamlines Management（流线管理）对话框，此时，主界面出现图6-35所示的流线图。

在Streamlines Management（流线管理）对话框，点击菜单Animate >> Animate可以进行动画播放，也可以选择Animate >> Animation Control进行动画播放控制。

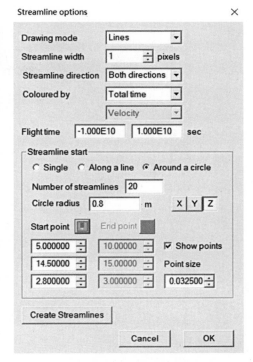

图6-34　Stream Options对话框

在Streamlines Management（流线管理）对话框中选中所有流线，右键选择Hide Streamline（s），隐藏流线。点击云图开关按钮 ，X按钮 X 和温度按钮 T ，将监测点X值设为6.5 m，点击切片管理按钮 ，选择Object >> New新建切片，点击新建的切片，选择Action >> Slice location，将弹出中的X Pos设为3.0 m，经过试图调整，显示温度云图见图6-36。

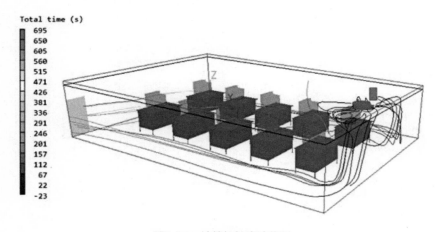

图6-35　计算机机房流线图

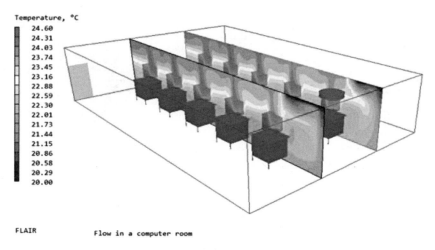

图6-36 多切片温度云图

6.3 室内机械通风仿真案例

6.3.1 问题描述

本案例是在机械通风作用下的空气流动传热问题，如图6-37，该几何模型是二维的，长为2.0 m，高为1.0 m。

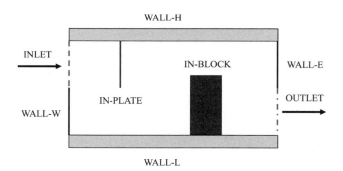

图6-37 机械通风下空气的流动传热问题

在模型中：

- INLET是进风口，速度为5.0 m/s，温度为20℃；
- OUTLET是出风口，设置压力，相对外界大气压力为0 Pa；
- WALL-W是绝热墙，默认Adiabatic；
- WALL-E是绝热墙，默认Adiabatic；
- IN-PLATE是一个没有厚度的障碍物；

- IN-BLOCK是一个铜块；
- H-BLOCK是一个铝块；
- L-BLOCK是一个铝块，并提供100W的热源。

6.3.2　建立几何模型

根据3.6.2节的方法启动FLAIR-VR Editor主界面，本案例的几何模型均是利用FLAIR的建模功能建立的。

在VR Editor面板上单击Menu，在弹出的Domain Settings对话框中，设置Title（名称）为"通风作用下的空气流动与传热"。

单击Geometry，在弹出的对话框中分别设置X、Y、Z三个方向的Domain size为2.0 m、1.0 m、1.0 m。单击OK，关闭Grid Mesh Settings对话框。

注意：单击对话框右上角的"?"，然后再在菜单按钮上单击一下就会提供"Help"帮助文档。

6.3.3　设置物理模型

单击Models，将Energy Equation（能量方程）设置为Temperature，设置Turbulence Models（湍流模型）设置为Chen-Kim KE，单击Top Menu返回Domain Settings主界面。

6.3.4　选择流体介质

单击Properties，设置Domain material（计算域材料）为"Air at 20 deg C, 1 atm"，设置Ambient temperature为20℃，ambient pressure为0Pa。设置完成后点击Top Menu。

6.3.5　指定边界条件

单击VR Editor面板上的Obj按钮，出现Object Management（对象管理）对话框，该对话框中Object只有Domain。可以通过该对话框依次建立组件，给定组件的尺寸、位置、形状、方向和其他相关选项。还可以单击Attributes（属性），设置材质、速度、温度和发热量等。

1．建立H-BLOCK

在Object Management（对象管理）对话框中，单击Object >> New >> New Object

>> Blockage（体块），在弹出的对话框中修改名字为H-BLOCK。

单击Size（大小）标签，将Size（大小）设置为：X处勾选"To end"，Y处勾选"To end"，Z为0.05 m。

单击Place（放置）标签，将Position（位置）设置为：X为0.0 m，Y为0.0m，Z处勾选"At end"。

单击General（常规），选择Attributes（属性），在弹出的窗口中，将Type（类型）设置为Solids（固体），选择Material（材料）为"ALUMINIUM at 27 deg C"。单击OK退出Blockage Attributes（体块属性）对话框，单击OK关闭Object Specification（对象指定）对话框（图6-38）。

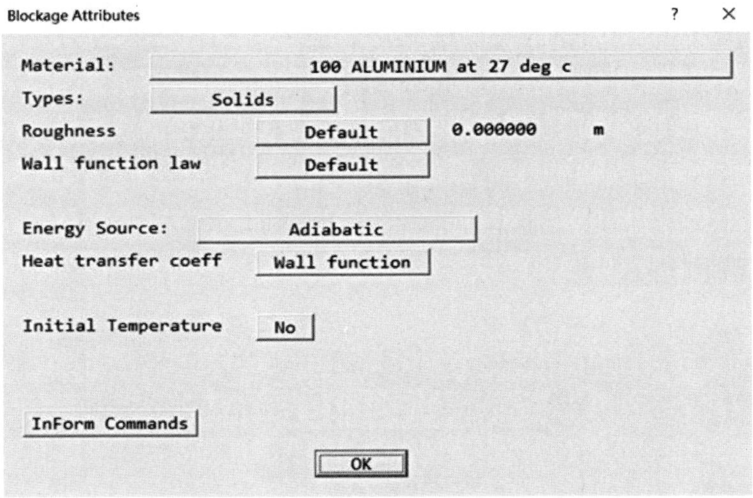

图6-38 Blockage Attributes对话框

2. 建立L-BLOCK

在Object Management（对象管理）对话框中，单击Object >> New >> New Object >> Blockage（体块），在弹出的对话框中修改名字为L-BLOCK。

单击Size（大小）标签，将Size（大小）设置为：X处勾选"To end"，Y处勾选"To end"，Z为0.05 m。

位置无需设置，默认位置：X为0.0 m，Y为0.0 m，Z为0.0 m。

单击General（常规），选择Attributes（属性），在弹出的窗口中，将Type（类型）设置为Solids（固体），选择Material（材料）为"ALUMINIUM at 27 deg C"，将Energy Source设置为Fixed Heat Flux，并将其值设为100。单击OK退出Blockage Attributes（体块属性）对话框，单击OK关闭Object Specification（对象指定）对话框。

3．建立WALL-E

在Object Management（对象管理）对话框中，单击Object >> New >> New Object >> Plate（板），在随后的弹窗中选择X Plane，在弹出的对话框中修改名字为WALL-E。

单击Size（大小）标签，将Size（大小）设置为：X为0.0 m，Y处勾选"To end"，Z处勾选"To end"。

单击Place（放置）标签，将Position（位置）设置为：X处勾选"At end"，Y为0.0 m，Z为0.5 m。

单击OK关闭Object Specification（对象指定）对话框。

4．建立WALL-W

在Object Management（对象管理）对话框中，单击Object >> New >> New Object >> Plate（板），在随后的弹窗中选择X Plane，在弹出的对话框中修改名字为WALL-W。

单击Size（大小）标签，将Size（大小）设置为：X为0.0 m，Y处勾选"To end"，Z为0.5 m。

位置无需设置，默认位置：X为0.0 m，Y为0.0 m，Z为0.0 m。

单击OK关闭Object Specification（对象指定）对话框。

5．建立IN-PLATE

在Object Management（对象管理）对话框中，单击Object >> New >> New Object >> Plate（板），在随后的弹窗中选择X Plane，在弹出的对话框中修改名字为IN-PLATE。

单击Size（大小）标签，将Size（大小）设置为：X为0.0 m，Y处勾选"To end"，Z为0.65 m。

单击Place（放置）标签，将Position（位置）设置为：X为0.5 m，Y为0.0 m，Z为0.3 m。

单击OK关闭Object Specification（对象指定）对话框。

6．建立IN-BLOCK

在Object Management（对象管理）对话框中，单击Object >> New >> New Object >> Blockage（体块），在弹出的对话框中修改名字为IN-BLOCK。

单击Size（大小）标签，将Size（大小）设置为：X为0.4 m，Y处勾选"To end"，Z为0.65 m。

单击Place（放置）标签，将Position（位置）设置为：X为1.0 m，Y为0.0 m，Z为0.05 m。

单击General（常规），选择Attributes（属性），在弹出的窗口中，将Type（类型）设置为Solids（固体），选择Material（材料）为"COPPER at 27 deg C"。单击OK退出Blockage Attributes（体块属性）对话框，单击OK关闭Object Specification（对象指定）对话框。

7．建立INLET

在Object Management（对象管理）对话框中，单击Object >> New >> New Object >> Inlet（入口），在随后的弹窗中选择X Plane，在弹出的对话框中修改名字为INLET。

单击Size（大小）标签，将Size（大小）设置为：X为0.0 m，Y处勾选"To end"，Z为0.45 m。

单击Place（放置）标签，将Position（位置）设置为：X为0.0 m，Y为0.0 m，Z为0.5 m。

单击General（常规），选择Attributes（属性），在弹出的窗口中，设置Velocity in X-direction（X方向速度）为0.5 m/s，Temperature（来流温度）设置为Ambient，20℃。

单击OK退出Inlet Attributes（入口属性）对话框，单击OK关闭Object Specification（对象指定）对话框。

8．建立OPENING

在Object Management（对象管理）对话框中，单击Object >> New >> New Object >> Opening（开口），在随后的弹窗中选择X Plane，在弹出的对话框中修改名字为OUTLET。

单击Size（大小）标签，将Size（大小）设置为：X为0.0 m，Y处勾选"To end"，Z为0.45 m。

单击Place（放置）标签，将Position（位置）设置为：X处勾选"At end"，Y为0.0 m，Z为0.05 m。

单击OK关闭Object Specification（对象指定）对话框。

至此，几何模型及边界条件设置完成，如图6-39。

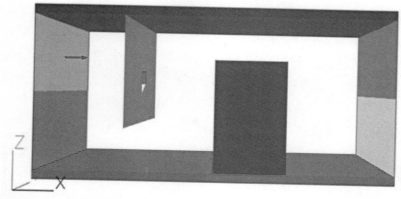

通风作用下的空气流动与传热

图6-39　通风作用下的空气流动与传热几何模型

6.3.6　划分计算网格

点击工具栏上的网格开关按钮⊞，软件会自动划分网格，如图6-40。

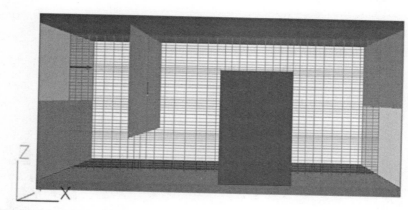

通风作用下的空气流动与传热

图6-40　自动网格划分

单击图形中任意位置，会弹出Grid Mesh Settings对话框，在该对话框中，分别点击X-Auto和Z-Auto，将网格模式切换为X-Manual和Z-Manual。

点击X direction，在弹出的对话框中，点击Free all，设置Number of cells为100。按照同样的方法，设置Z方向的网格为50。Y方向的网格数为1。设置完成后点击OK关闭对话框。

单击网格开关按钮⊞以关闭网格显示。

6.3.7　计算求解

点击Menu按钮，在弹出的窗口中选择Numerics按钮，然后将Total number of iterations设置为500。点击Top menu（顶部菜单）返回主界面，然后点击OK。设置完成后点击保存按钮。

设置监控点的位置：单击快捷工具栏的监测点图标▮或者双击图中的红色图标，设置监控点为：X=1.8，Y=0.5，Z=0.3。

点击菜单栏中Run >> Solver，然后单击OK以确认运行EARTH求解器。这些操作应该会导致PHOENICS EARTH屏幕出现。计算完成后页面会自动关闭。

6.3.8　结果后处理

当计算完成后，点击菜单栏中Run >> Post Processor >> GUI-Post Processor（VR Viewer），在随后弹出的对话框中点击OK，进入后处理界面。

查看速度云图。具体操作如下：依次点击VR Viewer面板上的云图开关按钮▣，Y按钮Ⓨ和速度按钮Ⓥ，通过视图调整，出现如图6-41所示速度云图。

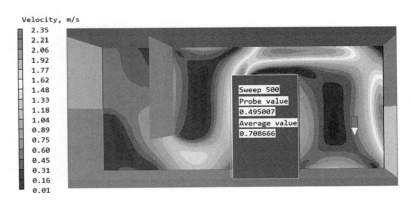

图6-41　速度云图

查看速度矢量图。具体操作如下：关闭云图开关按钮▣，打开矢量图开关按钮↗，出现如图6-42所示速度矢量图。

查看守恒。查看流入的质量和能量是否守恒是非常重要的。如果守恒，说明计算结果是收敛的；如果不守恒，说明计算结果没收敛。

打开Object Management（对象管理）对话框，在Domain上右键，选择Show net sources，将显示所有变量的源和汇。

"Nett source of R1 at..."表示流入流出的质量，单位kg/s。正值代表流入，负值代

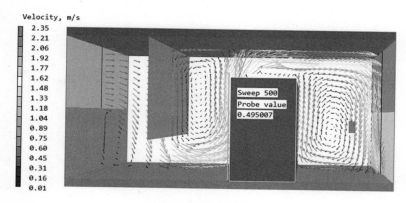

图6-42　速度矢量图

表流出，加起来接近于0，因为进入的流体绝大部分都流出了。

　　"Nett source of TEM1 at..."代表热源或者热汇的热量，单位是W。正值代表热源，负值代表热汇。

6.4　本章小结

　　本章以室内通风为例，从风压作用、热压作用和机械通风三个方面，分别介绍了室内自然通风和机械通风在PHOENICS中的仿真分析方法。通过本章的学习，读者可以掌握建筑室内空气流动和传热过程的模拟方法和操作过程。

第7章

总结与展望

2020年9月22日，国家主席习近平在第七十五届联合国大会上指出，要加快形成绿色发展方式和生活方式，建设生态文明和美丽地球。中国将提高国家自主贡献力度，采取更加有力的政策和措施，二氧化碳排放力争于2030年前达到峰值，努力争取2060年前实现碳中和。在此双碳背景下，建筑行业作为全社会的碳排放大户，加快推进绿色、低碳发展势在必行。从建筑领域面向未来发展的角度讲，引导建筑类专业师生及广大行业从业人员科学认识建筑热工环境基本原理和作用规律，掌握科学的精细化用能和碳排放技术措施，将有助于建筑行业绿色低碳目标的顺利实现。

目前，借助CFD仿真计算工具科学分析建筑热工环境问题是常用的方法之一。然而，对于建筑设计类专业的学生来说，由于CFD技术具有较强的理论性和逻辑性，且涉及的知识面宽、领域广，导致在学习过程中存在一定困难，同时市场上缺乏针对建筑热工环境CFD仿真的相关参考用书，因此，出版适用于建筑类专业的CFD仿真计算相关用书，将有助于促进建筑类专业更好地开展建筑热工环境相关领域的研究和探索。

7.1 总结

本书从以下几方面对建筑热工环境仿真进行了梳理和总结：

（1）建筑热工环境涵盖范围和研究方法梳理：本书对建筑热工环境的概念和涵盖范围进行了界定，总结并梳理了目前建筑热工环境分析常用的研究方法。

（2）计算流体动力学（CFD）基本原理和相关概念介绍：引入流体力学基础知识和基本概念，讲解了计算流体动力学（CFD）的求解过程、控制方程和求解方法，介绍了常用的CFD商用软件，为读者更好地理解CFD基本原理和相关概念奠定了基础。

（3）CFD软件基本操作解析及入门演示：以PHOENICS仿真软件为依托，阐述PHOENICS软件的使用流程、操作界面和主要功能。从前处理、求解器和后处理出发，详细介绍了软件的基本设置和操作过程，并以简单案例进行了PHOENICS软件的入门演示。

（4）建筑热工环境仿真案例实践：针对围护结构传热（导热、对流和辐射）、室外风环境和热环境、室内自然通风和机械通风等常见建筑热工环境问题，采用案例仿真的方式，对PHOENICS软件的仿真过程和软件操作进行了详细介绍。该部分内容既可作为PHOENICS软件操作学习的重要教程，同时也是熟悉并掌握建筑热工环境仿真方法的典型案例。

7.2　展望

本书试图从CFD仿真的基础理论知识、软件基本操作和典型案例实践三部分内容出发，对建筑热工环境的数值仿真方法和操作过程进行深入浅出的讲解，期望通过本书的理论和案例学习能够为建筑行业的相关人员提供热工环境科学仿真方法。然而，限于作者的知识水平，本书仍存在局限性，在下述方面还需要继续深化：

（1）建筑热工环境问题涉及的范围较广，而本书给出的仿真分析案例有限，在未来需不断拓展和扩充。

（2）建筑热工环境仿真案例更多地侧重于PHOENICS软件的入门学习，在后处理中关于数据提取和统计分析方面的介绍较少。

（3）建筑热工环境仿真的目的是为了更好地服务于建筑热工环境设计的优化和提升，本书在热工环境仿真案例中未充分体现热工环境仿真与设计之间的关系，今后应该更多地体现仿真结果与设计之间的相互关系。

希望通过本书的出版，使建筑行业从业人员更科学地认识建筑热工环境作用规律，从而为建筑绿色、低碳发展做出贡献。

参考文献

[1] 刘念雄，秦佑国．建筑热环境（第2版）[M]．北京：清华大学出版社，2016.

[2] 刘加平．城市环境物理[M]．北京：中国建筑工业出版社，2010.

[3] 柳孝图．建筑物理（第三版）[M]．北京：中国建筑工业出版社，2010.

[4] 李庆臻．科学技术方法大辞典[M]．北京：科学出版社，1999.

[5] 杨世铭，陶文铨．传热学[M]．北京：高等教育出版社．1998.

[6] 付德熏，马延文．计算流体动力学[M]．北京：高等教育出版社，2002.

[7] 龙天渝，蔡增基．流体力学泵与风机（第四版）[M]．北京：中国建筑工业出版社，1999.

[8] 陶文铨．数值传热学[M]．西安：西安交通大学出版社，2006.

[9] 陶文铨．计算传热学的近代进展[M]．北京：科学出版社，2005.

[10] 高飞，李昕．ANSYS CFX 14.0[M]．北京：人民邮电出版社，2013.

[11] 李人宪．有限体积法基础[M]．北京：国防工业出版社，2005.

[12] （美）费斯泰赫．计算流体动力学导论：有限体积法（第2版）[M]．北京：世界图书出版公司，2010.

[13] 李明，刘楠．STRA-CCM+与流场计算[M]．北京：机械工业出版社，2017.

[14] 住房和城乡建设部．《建筑结构荷载规范》GB 50009—2012.

[15] FLAIR User Guide-CHAM Technical Report TR 313.